CETPM®
at Ansbach University
of Applied Sciences
www.cetpm.de

Schriftenreihe „Operational Excellence"

Herausgegeben von Prof. Dr. Constantin May, Hochschule Ansbach

Bisher in dieser Reihe erschienen:

Nr. 1: May, C.; Schimek, P.: Total Productive Management. Grundlagen und Einführung von TPM - oder wie Sie Operational Excellence erreichen, 3., korrigierte Auflage, Herrieden 2015. ISBN: 9-783940-775-05-4

Nr. 2: De Groot, M.; Teeuwen, B.; Tielemans, M.: KVP im Team. Zielgerichtete betriebliche Verbesserungen mit Small Group Activity (SGA), Ansbach 2008. ISBN: 9-783940-775-01-6

Nr. 3: Blom: Schnellrüsten: Auf dem Weg zur verlustfreien Produktion mit Single Minute Exchange of Die (SMED), Ansbach 2007. ISBN: 9-783940-775-02-3

Nr. 4: Glahn, R.: World Class Processes - Rendite steigern durch innovatives Verbesserungsmanagement – oder wie Sie gemeinsam mit Ihren Mitarbeitern betriebliche Prozesse auf Weltklasseniveau erreichen, 2., durchgesehene Auflage, Ansbach 2010. ISBN: 9-783940-775-03-0

Nr. 5: Koch, A.: OEE für das Produktionsteam. Das vollständige OEE-Benutzerhandbuch – oder wie Sie die verborgene Maschine entdecken, 3., korrigierte Auflage, Herrieden 2016. ISBN: 9-783940-775-04-7

Nr. 6: Glahn, R.: Effiziente Büros – Effiziente Produktion. In drei Schritten zu exzellenten Abläufen im gesamten Unternehmen. Antworten auf die wichtigsten Fragen zum nachhaltigen Erfolg, 2., durchgesehene Auflage, Ansbach 2013. ISBN: 9-783940-775-06-1

Nr. 7: Glahn, R.: Moderation und Begleitung kontinuierlicher Verbesserung. Ein Handbuch für KVP-Moderatoren, 2., überarbeitete Auflage, Ansbach 2013. ISBN: 9-783940-775-07-8

Nr. 8: Teeuwen, B.; Schaller, C.: 5S. Die Erfolgsmethode zur Arbeitsplatzorganisation, 4., unveränderte Auflage, Herrieden 2018. ISBN: 9-783940-775-08-5

Nr. 9: Teeuwen, B.: Lean Management im öffentlichen Sektor. Bürgernähe steigern – Bürokratie abbauen – Verschwendung beseitigen, Ansbach 2012. ISBN: 9-783940-775-09-2

Nr. 10: Klevers, T.: Agile Prozesse mit Wertstrom-Management. Ein Handbuch für Praktiker. Bestände abbauen – Durchlaufzeiten senken – Flexibler reagieren, 2., überarbeitete Auflage, Herrieden 2015. ISBN: 9-783940-775-10-8

Nr. 11: Teeuwen, B.; Grombach, A.: SMED. Die Erfolgsmethode für schnelles Rüsten und Umstellen, 2., überarbeitete Auflage, Herrieden 2015. ISBN: 9-783940-775-11-5

Nr. 12: Kamberg, M.: Verbesserung erfolgreich führen. Mit der Toyota-Kata und Lean Management Prozesse verbessern und Mitarbeiter entwickeln. Band 1: Die Verbesserungskata, Herrieden 2016. ISBN: 9-783940-775-19-1

Nr. 13: OJT Solutions Inc.: Toyotas Geheimrezepte für die Mitarbeiterentwicklung. Herrieden 2017. ISBN: 9-783940-775-22-1

5S

Die Erfolgsmethode zur Arbeitsplatzorganisation

von
Bert Teeuwen und Christoph Schaller

4., unveränderte Auflage

Mit einem Geleitwort von Prof. Dr. Constantin May

CETPM Publishing, Herrieden

ISBN: 9-783940-775-08-5

CETPM GmbH, Institut an der Hochschule Ansbach, Schernberg 34, 91567 Herrieden
Tel: +49 (0) 9825 20 38 – 100, http://www.cetpm-publishing.de

Illustrationen: Javier "H4" Villalba Díez, Druckaufbereitung: Rainer Imschloß
Druck und Bindung: BELTZ Grafische Betriebe, Bad Langensalza

Inhaltsverzeichnis

Geleitwort ... 7

Vorwort ... 9

1 Einführung in die Arbeitsplatzorganisation nach 5S ... 11

1.1 Die Methode in der Praxis ... 14
1.2 Warum 5S – was soll damit erreicht werden? ... 16
1.3 5S im Büro ... 19
1.4 Die acht tödlichen Ausfallarten ... 23
1.5 Die Rolle von 5S bei Optimierungssystemen wie TPM und Lean ... 29

2. Die Leitungsfunktion bei der 5S-Implementierung ... 37

2.1 Manager, glaubst du selbst daran? ... 37
2.2 Die Organisation von 5S ... 40
2.3 Die Rolle des Ausschusses als Auftraggeber ... 43

3 Mit 5S starten – Das Cleanout ... 47

3.1 Das Cleanout vorbereiten ... 47
3.2 Die weitere Entfaltung von 5S nach dem Cleanout ... 52
3.3 Cleanout im Büro ... 54
3.4 Digitales Cleanout ... 56

4 Das 1. S = Sortiere aus ... 63

5 Das 2. S = Systematisieren ... 69

6 Das 3. S = Sauber machen ... 79

6.1 Der Idealzustand: Gar nicht mehr säubern ... 83

7 Das 4. S = Standardisieren ... 87

7.1 Die Schwäche von Arbeits- und Verfahrensanweisungen ... 92
7.2 Die Gewährleistungspyramide ... 94
7.3 Visuelle Arbeitsanweisungen – Ein-Punkt-Lektionen ... 105

8 Das 5. S = Selbstdisziplin ... 111

8.1 5S als Teil der Regelkommunikation – der Tagesbeginn ... 113
8.2 Das Verbesserungsboard ... 116
8.3 Einige Fallstricke ... 118
8.4 Persönliche Effizienz ... 121
8.5 Persönliche Effektivität ... 124
8.6 Der Weg zum Ideal ... 125

9. 5S in der Praxis 129
9.1 Vistaprint – Groß in kleinen Mengen 129
9.2 VUmc 132
9.3 Sligro Foodservice 134
Anlagen 139
Literaturverzeichnis 145
Stichwortverzeichnis 147

Geleitwort

5S – das ist für einige Unternehmensvertreter die Zauberformel für wirtschaftlichen Erfolg. Aber bei vielen, die sich damit schon beschäftigt haben, weckt der Begriff eher schlechte Erinnerungen, denn häufig scheitern 5S-Einführungen. Woran liegt diese unterschiedliche Einschätzung? Wie können Sie mit 5S erfolgreich sein? Wie schaffen Sie es, 5S zum Erfolgsgeheimnis Ihres Unternehmens zu machen?

Bei allen betrieblichen Verbesserungsprogrammen im Umfeld von Operational Excellence, wie z.B. Total Productive Management (TPM) oder Lean Management, findet sich die Methode 5S. Sie bildet die Basis bzw. das Fundament für das gesamte System. 5S schafft ein strukturiertes, standardisiertes Arbeitsumfeld und damit die Grundlage für alle weiteren Verbesserungen. Beispielsweise macht die Optimierung der Rüstzeiten (SMED) ohne ein standardisiertes Arbeitsumfeld wenig Sinn. Insofern herrscht bei allen Experten soweit Einigkeit, dass 5S einen Startpunkt von Operational Excellence Programmen bildet. Bei dieser Einschätzung spielt ein weiterer Aspekt eine wichtige Rolle: Diese Programme haben nach aktuellen Verständnis nicht die Anwendung von Methoden zum Ziel, sondern die Etablierung einer zukunftsfähigen Unternehmenskultur. 5S ist dabei einer der Ansätze, mit dem eine entsprechende Unternehmenskultur erzeugt bzw. gefördert werden kann. Richtig aufgesetzte 5S-Aktionen schaffen Aufbruchstimmung, fördern das Zusammengehörigkeitsgefühl und erzeugen sichtbare Veränderungen des betrieblichen Umfelds. Es gilt: Ändert sich das Umfeld, so ändert sich das Verhalten.

Von der Grundmethodik her ist 5S sehr einfach und verständlich. Doch leider bleiben viele 5S-Initiativen ein Strohfeuer und scheitern nach der anfänglichen Euphorie. Die Hürden an denen viele Unternehmen scheitern sind richtige Mitarbeitereinbindung und Nachhaltigkeit. Damit die Mitarbeiter die 5S-Standards akzeptieren, einhalten und sogar weiter ausbauen, ist es von eminenter Wichtigkeit, die 5S-Standards von eben diesen Mitarbeitern entwickeln zu lassen. Alles was von außen - sei es von externen Beratern oder internen Lean-Beauftragten - „aufgezwungen" wird, hat wenig Chance Akzeptanz zu finden. Eine weitere wichtige Rolle spielen die Führungskräfte, die solche Veränderungen durch engagiertes Vorleben unterstützen müssen. Letztlich muss die Nachhaltigkeit dann noch durch ein geeignetes Auditsystem abgesichert werden.

Sie merken, 5S kann Segen oder Fluch sein. Dieses Buch „5S. Die Erfolgsmethode zur Arbeitsplatzorganisation" ermöglicht Ihnen, 5S richtig und erfolgreich in Ihrem Unternehmen zu implementieren. Tipps zur Nachhaltigkeit von 5S helfen Ihnen darüber hinaus, die erreichten Verbesserungen dauerhaft abzusichern. Ich wünsche Ihnen viele neue Erkenntnisse beim Lesen und viel Erfolg bei der Umsetzung von 5S!

Ihr
Constantin May

Prof. Dr. Constantin May
Hochschule Ansbach
Academic Director CETPM

Vorwort

Hat der Arbeitsplatz Einfluss auf die Qualität und Effizienz der Arbeit? Sehen Sie sich die folgenden Fotos an. Was ist Ihr erster Eindruck? Viele Menschen brauchen einen ordentlichen und gut organisierten Arbeitsplatz, um in Ihrer Arbeit den Überblick zu behalten.

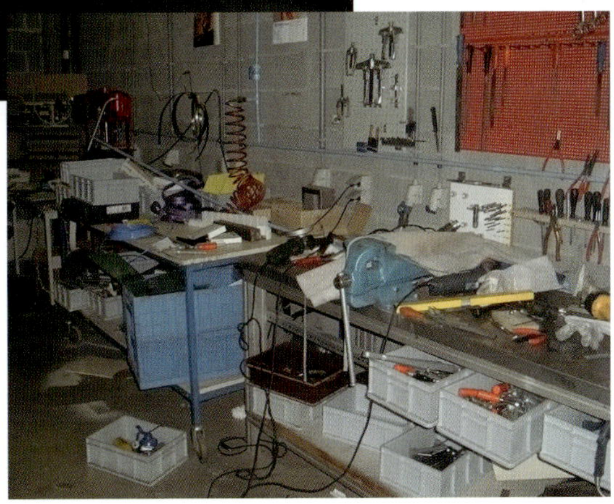

Wenn sich mehrere Personen einen Arbeitsplatz teilen, sind Ordnung und Standardisierung noch wichtiger. Ein unorganisierter Arbeitsplatz bewirkt etwa, dass viel Zeit mit Suchen verloren geht. Ein logisch organisierter Arbeitsplatz ist daher eine Grundbedingung für gutes Arbeiten.

Zu dieser Grundbedingung gehören der Zustand der Maschinen (keine Wartungsrückstände), der Grad der Arbeitsstandardisierung, die Einhaltung dieser Standardisierung und dass alles seinen fixen und logischen Platz hat. Dafür wurde die Methode 5S entwickelt. 5S steht für fünf Wörter, die alle mit einem S beginnen und sich auf die Phasen der Organisation eines Arbeitsplatzes beziehen. Sortieren (was wird benötigt, was ist überflüssig), Systematisieren (alles, was benötigt wird, erhält seinen fixen Platz), Säubern (Reinigen ist eine Form der Inspektion), Standardisieren (alles von Haus aus richtig machen) und Selbstdisziplin (sich an die ersten vier S halten).

5S strebt nach dem idealen Arbeitsplatz, an dem:

- keine Unfälle passieren;
- keine Arbeitskräfte ausfallen;
- keine Fehler gemacht werden.

Kurzum, eine verschwendungsfreie Umgebung.

In diesem Buch wird die Methode erklärt und werden Tipps für Führungskräfte und 5S-Betreuer gegeben. 5S hängt stark mit der Visualisierung des Arbeitsplatzes zusammen. Es wird Sie nicht verwundern, dass auch dieses Buch selbst viele Veranschaulichungen enthält. Ein Foto oder eine Abbildung sagt oft mehr als tausend Worte.

Die Kapitel 1 und 2 befassen sich mit dem Ziel und der Organisation von 5S.
Ab Kapitel 3 wird 5S in der Praxis beschrieben.

Dieses Buch enthält Wissen und praktische Beispiele für die Arbeitsplatzorganisation in Produktionsumgebungen, im Büro sowie auf dem PC. Die Theorie ist im Grunde dieselbe, jedoch werden im Buch auch die praktischen Unterschiede beschrieben.

Besonderer Dank geht an Leon van 't Hof von Bruynzeel Küchen und Arri Hartog von der Steuerbehörde Drechtsteden.

Viel Freude beim Lesen!

Bert Teeuwen und Christoph Schaller

1 Einführung in die Arbeitsplatzorganisation nach 5S

5S als Grundlage aller Verbesserungen

Wenn am Arbeitsplatz etwas verbessert wird, liegt der Schwerpunkt meist auf der Verbesserung von Prozessen. Alle Aufmerksamkeit wird der Optimierung der Prozesslogik, der Störungsbehebung und der Lösung von Qualitätsproblemen gewidmet. Verbesserungen erzielen nicht immer das gewünschte Ergebnis, auch wenn gründlich analysiert wurde. Das führt zu Enttäuschung bei jenen, die sich die Verbesserungen überlegt haben. Eine entscheidende Ursache für das Misslingen von Verbesserungen liegt darin, dass der Prozess nicht die Grundbedingungen erfüllt. Es liegen überflüssige Gegenstände herum, die Maschinen sind verschmutzt, am Schreibtisch herrscht ein heilloses Durcheinander und die Mitarbeiter halten sich nicht an die Arbeitsanweisungen. Kann ein Prozess verbessert werden, wenn die Umgebung, der Arbeitsplatz, noch nicht ordentlich organisiert ist?

Die physische Umgebung, in der die Mitarbeiter arbeiten, übt einen wesentlichen Einfluss auf die Effizienz der Prozesse aus. Ein unorganisierter, schmutziger und unordentlicher Arbeitsplatz kann eine Quelle für Fehler, Störungen und Unfälle sein. Wenn eine Störung immer wieder auftritt, sagt der Mechaniker manchmal: „Reinigen Sie die Maschine erst einmal gründlich. Es klebt ja noch der Schmutz von mehreren Jahren darauf. Kein Wunder, dass es immer wieder Probleme gibt."

Manche Manager denken, dass es vor allem an der Disziplin der Mitarbeiter liegt, wenn Ordnung und Sauberkeit im Betrieb zu kurz kommen. Deshalb kommen sie gelegentlich in den regelmäßigen Arbeitsbesprechungen darauf zu sprechen und erklären, dass die Abteilung unordentlich ist und es so nicht weitergehen kann. Dann wird aufgeräumt und jeder hat gute Vorsätze, dass es in Zukunft besser wird. Aber nach einiger Zeit fällt man wieder in die alte Situation zurück.

Wenn Kunden bei einer Betriebsbesichtigung den Zustand des Gebäudes, der Maschinen, der Büros und der Mitarbeiter kritisieren, ist das Maß voll und es wird eine Kampagne mit Postern und viel Aufmerksamkeit der Führungskräfte gestartet. Diese

Aufmerksamkeit bringt vorübergehend Erfolge, die aber nach einiger Zeit wieder abflauen, weil andere Dinge wichtiger geworden sind.

Umgebung und (un)erwünschtes Verhalten

Verhaltens- und Umgebungsgewohnheiten

Verhaltensänderungen in Unternehmen sind schwer zu erreichen und erfordern viele Gespräche und viel Überzeugungskraft. Eine einfache Art der Beeinflussung von Verhaltensgewohnheiten ist eine Veränderung der Umgebung. Die Umgebung, in der Menschen arbeiten, wirkt auch auf ihr Verhalten. Menschen verhalten sich zum Beispiel im Wartezimmer eines Arztes anders als im Warteraum eines Bahnhofes. Dasselbe gilt für den Umkleideraum eines Sportvereins verglichen mit dem eines Krankenhauses. In einem Raum, wo Zigarettenkippen, Apfelreste und anderer Krempel auf dem Boden herumliegen, neigen Menschen eher dazu, ihren Abfall ebenfalls auf den Boden zu werfen. Dieselben Menschen - andere Umgebung - anderes Verhalten. Eine unordentliche und unübersichtliche Arbeitsumgebung bewirkt ein anderes Verhalten als eine saubere, aufgeräumte Umgebung.

Studie von Kees de Keizer

Der niederländische Wissenschaftler Kees de Keizer[1] hat durch eine Studie nachgewiesen, dass eine unordentliche Umgebung ansteckend wirkt. Er schuf verschiedene Situationen, in denen Passanten zum Übertreten von Gesetzen und Regeln verleitet wurden. Ein Parkplatz wurde mit einem halb offenen Zaun abgeschlossen, auf dem zwei Schilder angebracht waren. Auf dem einen Schild stand: „Kein Durchgang, Zugang um die Ecke". Auf dem anderen Schild stand: „Fahrräder abstellen verboten". Wenn am Zaun trotz des Verbots Fahrräder abgestellt waren, nahmen 82 Prozent der Menschen den Weg durch die Lücke im Zaun, um zu ihrem Auto zu kommen. Ohne Fahrräder nahmen nur 27 Prozent den kürzeren Weg.

In einem anderen Versuch geht es um Fahrräder, die in der Stadt Groningen vor einem Verbotsschild mit dem Wort „Graffiti" abgestellt sind. Auf den Lenker jedes Fahrrades wird eine Karte gehängt, auf der ein Sportladen den Radfahrern schöne Ferien

1 Quelle: De Keizer, K., u.a.: The spreading of disorder, Science, Vol. 322, S. 1681-1685 2008

wünscht. Die Forscher beobachteten das Verhalten der Personen, die ihre Fahrräder abholten und verfolgten genau, wie viele der Personen die Kärtchen achtlos auf den Boden warfen und wie viele sie ordentlich entsorgten. Wenn die Wand trotz Verbotsschild mit Graffiti beschmiert ist, werfen gut zwei Drittel der Radfahrer das Kärtchen auf den Boden. Wenn die Wand hingegen grau gestrichen ist, sinkt dieser Anteil auf ein Drittel.

Die Schlussfolgerung der Studie ist, dass Normen und Regeln viel Einfluss auf menschliches Verhalten haben können, dass diese Normen und Regeln aber sichtbar durch die Umgebung unterstützt werden müssen. Achten Sie darauf, dass in der Umgebung sichtbar wird, dass sich auch andere an die Regeln halten.

Rumpelkammer oder Supermarkt

Suchen oder Finden

Die Qualität der Umgebung sagt etwas über die Qualität der Arbeit und der Arbeitsprozesse aus. Ein gut organisierter Arbeitsplatz wirkt sich positiv auf die Qualität der Arbeit aus. Es passieren weniger Unfälle, weniger Fehler und es geht weniger Zeit mit Suchen und Warten verloren.

Such- und Wartezeiten entstehen etwa durch das Herumliegen von nicht benötigtem Material, durch Gegenstände ohne festen Platz und durch das Fehlen einer Standardarbeitsweise. Dadurch werden Abweichungen im Arbeitsprozess gar nicht oder erst zu spät sichtbar und es wird Zeit mit der Suche nach dem richtigen Werkzeug, Teil oder Dokument verschwendet.

Arbeitsplätze können wie eine Rumpelkammer oder wie ein Supermarkt eingerichtet sein. Rumpelkammern sind geschlossene Räume, in denen nur der Eigentümer findet, was er sucht (zumindest glaubt er das). Supermärkte sind für jedermann zugänglich und es wird mit einer logischen Einteilung dafür gesorgt, dass jeder selbst finden kann, wonach er sucht.

Merkmale eines gut organisierten Arbeitsplatzes

Merkmale eines organisierten Arbeitsplatzes sind:

- Es liegt nichts Überflüssiges herum.
- Er ist tadellos sauber und aufgeräumt.
- Der notwendige Papierkrieg ist minimal und einfach.

- Gegenstände oder Informationen können in maximal 30 Sekunden gefunden werden.
- Gegenstände oder Informationen können in maximal 30 Sekunden am richtigen Ort verstaut werden.
- Es ist eindeutig festgelegt, welche Arbeitsweise Standard ist.
- Der Arbeitsplatz ist so übersichtlich, dass Abweichungen sofort auffallen.

5S ist eine Methode mit der der ideale Arbeitsplatz angestrebt und realisiert werden soll. Dies ist ein Arbeitsplatz an dem man effizient arbeitet, keine Fehler macht, der übersichtlich ist und wenig krankheitsbedingte Ausfälle von Arbeitskräften verursacht. Der ideale Arbeitsplatz erscheint dennoch nicht langweilig oder klinisch, sondern ist kurzum ein Arbeitsplatz an dem gerne gearbeitet wird.

1.1 Die Methode in der Praxis

Organisieren Sie den Arbeitsplatz so, dass Sie alles innerhalb von 30 Sekunden finden und wieder zurücklegen können!

5S ist eine gute Methode, um den Arbeitsplatz so zu organisieren, dass sich eine positive Wirkung auf das Verhalten der Benutzer des Arbeitsplatzes ergibt. 5S ist eine japanische Technik, die den Weg hin zu einem freundlichen und anregenden Arbeitsplatz weist, auf dem Abweichungen sofort sichtbar werden. Das Arbeiten in einer chaotischen Umgebung bringt chaotisches Verhalten mit sich. Umgekehrt heißt das: Wer die Umgebung verändert, kann das Verhalten positiv beeinflussen.
Der Name 5S ist ein Hinweis auf die fünf Phasen des Programms, deren Bezeichnungen im Deutschen (und auf Japanisch) alle mit einem S anfangen.
Diese fünf Phasen sind:

S 1: **S**ortieren
S 2: **S**ystematisieren
S 3: **S**äubern = Inspizieren
S 4: **S**tandardisieren
S 5: **S**elbstdisziplin

Die Geschichte von 5S
Es beginnt kurz nach dem Zweiten Weltkrieg, als Sakichi Toyoda, der Gründer von Toyota, zu einem Arbeitsbesuch in die USA fährt. Auf Einladung von Henry Ford besucht er eine der damals sehr fortschrittlichen Ford-Fabriken. Toyoda ist von der Fabrik nicht besonders beeindruckt. Stattdessen begeistert ihn der örtliche Supermarkt. Die Art und Weise, wie der Supermarkt übersichtlich und visuell organisiert ist und dass die Regale (Vorräte) erst wieder aufgefüllt werden, nachdem Kunden etwas gekauft haben, inspiriert ihn. Toyoda erkennt, dass er für das Überleben seines Unternehmens die Produktion an die Prinzipien eines Supermarktes anpassen muss.
In den 50er-Jahren wurde bei Toyota als Teil des Toyota-Produktionssystems die 5S-Arbeitsplatzorganisation entwickelt. Inspirationsquelle war der Piggly Wiggly Supermarket. Zunächst gab es nur vier S, das fünfte kam erst später dazu. 5S steht für die fünf Phasen bzw. Säulen, deren Bezeichnungen auf Japanisch alle mit einem S beginnen. Auf Japanisch lauten diese: **S**eiri (Sortieren), **S**eiton (Systematisieren), **S**eiso (Säubern), **S**eiketsu (Standardisieren) und **S**hitsuke (Selbstdisziplin).

Die 5 Phasen

Ab Kapitel 4 werden die fünf S genauer erklärt. Es folgt eine Kurzbeschreibung der einzelnen Phasen.

S 1: Sortieren
Unterscheiden Sie zwischen Gegenständen, Werkzeugen, Dokumenten, usw., die notwendig sind und die überflüssig sind. Alles Überflüssige entfernen.

S 2: Systematisieren
Alle Materialien, die Phase 1 überlebt haben, erhalten einen solcherart visualisierten Fixplatz, dass jeder Benutzer das von ihm Benötigte sofort sehen, nehmen und wieder zurücklegen kann.

S 3: Säubern = Inspizieren
Säubern ist wichtig, um den Arbeitsplatz gut aussehen zu lassen (zum Beispiel für Kunden). Im Sinne von 5S hat Säubern und Aufräumen außerdem den Zweck, dass bei diesen Arbeiten

unterschiedlichste Abweichungen ans Licht treten, die behoben werden können.

Das vierte und fünfte S haben den Zweck, die ersten drei S aufrechtzuerhalten und den Prozess besser zu kontrollieren.

S 4: Standardisieren
Standardisieren bedeutet, den Prozess unter Kontrolle zu behalten, indem alle Arbeiten nach einer fixen Vereinbarung erledigt werden. Die Arbeiten werden nur auf eine bestimmte Art erledigt, nämlich nach dem Standard. Das gilt auch für Schritte wie Aufräumen und Sauberhalten.

S 5: Selbstdisziplin
Das Ergebnis, das mit den ersten 4 S erzielt wurde, muss aufrechterhalten werden. Das ist eine Sache der Disziplin, aber es müssen auch die besten Bedingungen geschaffen werden, um die Aufrechterhaltung so einfach wie möglich zu machen.

Im deutschsprachigen Raum werden die 5S teilweise auch als 5A bezeichnet. Diese heißen: Aussortieren, Anordnen, Arbeitsplatz säubern, Anordnung zum Standard machen, Alle Punkte einhalten und verbessern. Der Begriff 5S hat sich in der Fachwelt jedoch etabliert, so dass wir von der Benennung „5A" abraten.

Hiroyuki Hirano bespricht in seinem Buch[2] die 5 Säulen der Arbeitsplatzorganisation. Er ist der Meinung, dass die 5S nicht nacheinander stattfinden, sondern zeitgleich nebeneinander. Das entspricht nicht ganz der Praxis, da es doch eine chronologische Logik in der 5S-Methode gibt. Wer gut aussortiert putzt nicht um „den ganzen Krempel" herum. Zuerst wird aufgeräumt (sortieren), danach erhält alles seinen Platz (systematisieren) und erst dann wird geputzt (säubern). Sobald 5S jedoch einmal läuft, werden die 5 Schritte zeitgleich durchgeführt.

1.2 Warum 5S – was soll damit erreicht werden?

Einen Arbeitsplatz zu organisieren, klingt einfach. Vielleicht wird gerade deshalb in vielen Unternehmen die Notwendigkeit nicht

2 Hirano, H.: 5S for Operators: 5 Pillars of the Visual Workplace, Productivity Press 1995

Das „Warum" ist wichtiger als das „Wie"

gesehen, diese Aufgabe gründlich und systematisch anzugehen. Man hält es für evident, dass ein organisierter Arbeitsplatz wichtig ist, aber man schenkt dieser Aufgabe nur wenig Beachtung. Es erfordert viel Anstrengung, den Arbeitsplatz gut zu organisieren und vor allem in diesem Zustand zu halten. Dies liegt nicht in der Verantwortung der Mitarbeiter allein, sondern gilt für das gesamte Unternehmen, also auch für den Vorstand oder Geschäftsführer.

Damit die Implementierung von 5S gelingt, ist es für das Unternehmen sehr wichtig, zu bestimmen, warum man den Arbeitsplatz organisiert haben möchte. Mit der 5S-Methode anfangen, ohne das Endziel auszusprechen, ist gefährlich. Oft lautet die erste Frage der Mitarbeiter (besonders jener, die Widerstand leisten): „Warum tun wir das?" oder „Worauf wollen Sie hinaus?".

Minimieren von Verschwendung

5S ist eine Methode, die die Verbesserung der Unternehmensleistung zum Ziel hat, mit dem Arbeitsplatz als Ausgangspunkt. Durch dessen Optimierung werden Verluste und Verschwendung minimiert und wird die Basis für mehr Qualität, kürzere Durchlaufzeiten und mehr Sicherheit geschaffen. Mit 5S kann sowohl die Produktivität eines Unternehmens in der Produktion als auch in der Administration gesteigert werden.

5S bewirkt Verhaltensänderungen, indem es die Umgebung verändert!

Übersichtlichkeit

Haben Sie sich nicht auch schon einmal im Labyrinth z.B. eines Krankenhauses gefangen gefühlt und sich eine bessere Visualisierung gewünscht? Der zweite Aspekt der mit der 5S-Methode erreicht werden soll, ist die Organisation der Arbeitsumgebung so, dass sich Kunden oder Lieferanten bei einem Besuch auf den ersten Blick zurechtfinden können. Durch entsprechende Visualisierung erkennen Lieferanten wo sie hinmüssen, ohne Zeit für die Suche des richtigen Ortes zu verschwenden.

Kundeneindruck

Drittens geht es um den Eindruck, den man als Kunde oder Besucher erhält, wenn man ein Unternehmen oder einen Arbeitsplatz besucht. Wenn Sie Ihr Auto reparieren lassen müssen und Sie können sich in derselben Straße zwischen zwei Werkstätten entscheiden, einer aufgeräumten und einer chaotischen, dann ist die Entscheidung schnell getroffen (siehe folgende Fotos). Beim Besuch potenzieller Kunden erhalten Firmen nie eine zweite Chance, um einen guten ersten Eindruck zu hinterlassen.

Abbildung 1: 2 kommerzielle Autowerkstätten in Randstad (Fotos aus 2009)

Ziel von 5S: Der ideale Arbeitsplatz

Das Ziel von 5S ist der ideale Arbeitsplatz, an dem:

- keine Unfälle passieren – ein sicherer Arbeitsplatz, an dem man nicht ausrutscht, stolpert oder sich die Finger klemmt;
- keine Arbeitskräfte wegen Krankheit ausfallen – weil die Arbeitsumgebung angenehm ist und man dort gerne und sicher arbeitet;
- keine Fehler gemacht werden – weil die Arbeiten standardisiert sind;
- keine Verluste vorkommen – Fertigungsanlagen laufen ununterbrochen mit maximaler Geschwindigkeit und ohne Qualitätsverluste. Verwaltungsprozesse sind verlustfrei und haben kurze Durchlaufzeiten.

- keine Demotivation bei den Mitarbeitern durch häufiges Suchen, lange Wege oder ständige Anlagenausfälle entsteht.

Die Realisierung des idealen Arbeitsplatzes kommt in Reichweite, da mit 5S:

- alle nötigen Hilfsmittel einen festen und logischen Platz haben, wodurch sich Suchzeiten verringern;
- Mängel und Abweichungen viel schneller auffallen und behoben werden können, sobald der Arbeitsplatz einmal ordentlich ist. Dies wirkt den Produktionsverlusten entgegen;
- der Arbeitsplatz so standardisiert und visualisiert ist, dass das Verhalten aller Beteiligten positiv beeinflusst wird;
- die Mitarbeiter zu Verbesserungen mobilisiert werden. 5S ist eine Teamaktivität, an der jeder teilnimmt. Es ist eine praktische Methode mit einem sichtbaren Ergebnis, das zu mehr Verbesserungsinitiativen anregt.

Vermitteln Sie bei der Einführung von 5S klar und deutlich, dass es Vorteile für die Kunden und das Unternehmen, aber vor allem auch für die Mitarbeiter bringen kann. Auch sie sind schließlich froh darüber, wenn sie keine Zeit mehr mit dem Suchen nach der richtigen Information, dem passenden Werkzeug oder dem benötigten Material verlieren oder wenn die Maschinen nicht mehr verschmutzt sind und ihre maximale Leistung erbringen.

1.3 5S im Büro

Genauso wie in einer Produktionsumgebung kann auch der Zustand einer Büroumgebung ein Grund sein, 5S anzuwenden. Symptome eines schlecht organisierten Arbeitsplatzes sind das (vergebliche) Suchen nach Dokumenten, Platzmangel wegen zu vieler unnötiger Gegenstände in der Abteilung und ein schlechter Einblick in den Fortschritt der administrativen Prozesse.

5S im Büro – lohnende Verbesserungen

Industrielle Produktionsprozesse haben den Vorteil, dass Verluste deutlich sichtbar sind und jeder sehen kann, dass eine Maschine stillsteht oder die Lager voll sind. In Verwaltungsprozessen ist der Status jedoch nur schwer wahrnehmbar. Läuft der Prozess nun oder steht er still? Und wie viel „Produkt" ist gerade im Begriff zu entstehen? Ein großer Teil des Prozesses findet in den Köpfen der Menschen oder in Computern statt. Abbildung 2 verdeutlicht die Intransparenz administrativer Prozesse.

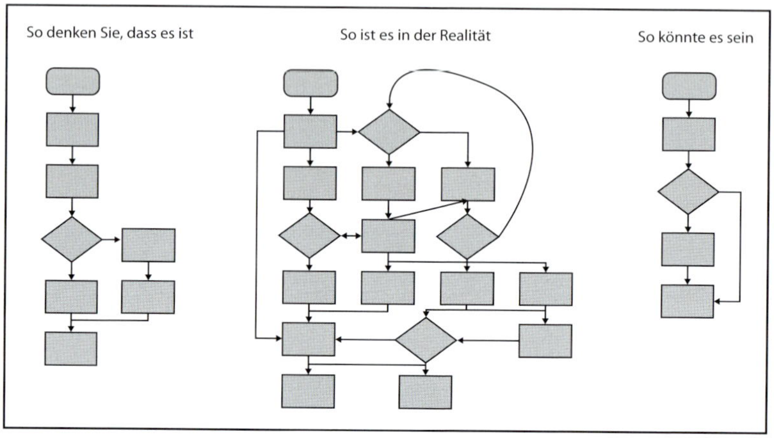

Abbildung 2: Beispielhaftes Prozessschema

Die Verbesserung von Verwaltungsprozessen lohnt sich, denn damit kann viel Geld eingespart werden. Denken Sie etwa an Verluste, die bei Prozessen wie dem Bearbeiten von Kundenbestellungen auftreten können. Wenn diese nicht richtig oder nicht rechtzeitig bearbeitet werden, könnte ein ganzer Auftrag storniert werden.

Ist es sinnvoll mit 5S im Büro zu beginnen?

An einem Büroarbeitsplatz gibt es genug Verbesserungspotenzial. Allerdings muss die Frage gestellt werden, ob es sinnvoll ist, mit 5S anzufangen, bevor die Prozesse analysiert und verbessert werden. Die Antwort hängt von der physischen Situation des Büros ab. Ist es unordentlich, liegt viel überflüssiges Material herum und ist es unübersichtlich? Wenn das der Fall ist und die Prozesse von Teams verbessert werden, ohne den Arbeitsplatz gut zu organisieren, ist die Wahrscheinlichkeit hoch, dass das Ergebnis der Verbesserungsaktion nach einiger Zeit wieder schwindet. Die Grundbedingungen sind dann nicht gegeben, wodurch es trotzdem wieder zu Verlusten kommen wird: Dokumente werden in der Unordnung verschwinden und die Prozesse werden fehleranfällig. Unordnung auf dem Schreibtisch ist Unordnung im Kopf, sagte die berühmte italienische Pädagogin Maria

Montessori. Mit anderen Worten: Wenn die Umgebung unordentlich oder gar chaotisch ist, werden auch die Prozesse so sein.

Außerdem wurde erst vor kurzem nachgewiesen, dass es speziell in Büroumgebungen einen direkten Zusammenhang zwischen einem sauberen Arbeitsplatz und krankheitsbedingtem Arbeitsausfall gibt.

Beurteilen Sie den eigenen Arbeitsplatz einmal mit dem 5S-Audit aus Anlage C. Orientieren Sie sich dabei an den Merkmalen des idealen Büroarbeitsplatzes:

- Es liegt nichts Überflüssiges herum.
- Er ist tadellos sauber und aufgeräumt.
- Der in der Arbeit notwendige Papierkrieg ist minimal und einfach.
- Gegenstände oder Informationen können in maximal 30 Sekunden gefunden werden.
- Gegenstände oder Informationen können in maximal 30 Sekunden am richtigen Ort verstaut werden.
- Es ist eindeutig festgelegt, welche Arbeitsweise Standard ist.
- Der Arbeitsplatz ist so übersichtlich, dass Abweichungen sofort auffallen.

Ziel von 5S ist nicht das Aufräumen, sondern das Beseitigen von Verlusten und Verschwendung!

Privatarbeitsplatz

Gleiche Arbeit - unterschiedliche Arbeitsplätze

Es gibt keine großen Unterschiede zwischen 5S in der Produktion und im Büro. Allerdings gibt es einige Besonderheiten, die zusätzliche Aufmerksamkeit erfordern. Eine Büroumgebung besteht, mehr als das bei einer Fertigungslinie der Fall ist, aus der Summe individueller Arbeitsplätze. Büromitarbeiter richten ihren Arbeitsplatz nach ihrem eigenen Ermessen ein. Oft haben sich Arbeitsplätze langsam und planlos zu ihrem jetzigen Zustand hin entwickelt. Dadurch kann es vorkommen, dass zwei Mitarbeiter, die dieselbe Arbeit verrichten, ihre Arbeitsplätze unterschiedlich eingerichtet haben. Der Schreibtisch eines Büromitarbeiters liegt gefühlsmäßig irgendwo im Graubereich zwischen Unternehmensbesitz und Privateigentum. Dies zeigt sich an Familienfotos, Kuscheltieren und einem Bildschirmschoner mit Fotos von den Kindern. Je näher am Stuhl des Mitarbeiters, desto privater wird der Bereich. Das kann zu Problemen führen, denn bei 5S stellt man die Frage: Notwendig oder überflüssig? Ziel von 5S ist das Beseitigen von Verlusten, nicht das Beseitigen aller oben genannten Gegenstände. Lassen Sie die 5S-Teilnehmer sich die Frage stellen, ob diese privaten Gegenstände zu Verlusten führen. Die Teilnehmer müssen im Hinblick auf ihren eigenen Arbeitsplatz selbst zu dem Schluss gelangen, dass Verbesserungen möglich sind. Jenen Personen, die den Start von 5S – das Cleanout – betreuen, kommt eine wichtige Rolle in der Überzeugung der Teilnehmer vom Nutzen von 5S zu.

Durchschlagender Erfolg?
Die Mitarbeiter der Steuerbehörde der Gemeinde Newcastle mussten den festen Platz des Hefters und der Maus auf ihrem Schreibtisch mit farbigem Klebeband markieren. Dies war Teil eines von der Gewerkschaft als wahnsinnig bezeichneten 7 Millionen Pfund teuren Lean-Projekts. Eine Mitarbeiterin erzählte den Medien, dass sie das Lean-Programm als herabwürdigend und demoralisierend erfährt. Es sei Unsinn, so viel Geld für ein derartiges Projekt auszugeben, wo man doch ohnehin ausgezeichnet mit der Organisation des Arbeitsplatzes zurechtkomme.
Frei nach Daily Telegraph, 5. Januar 2007

5S im Büro – wo beginnen?

Wer 5S im Büro umsetzen will, sollte in der Praxis eher mit der Visualisierung und Organisation der *gemeinsamen* Arbeitsplätze im Büro anfangen. Dies sind Schreibtische an denen mehrere Personen arbeiten, gemeinsam benutzte Schränke und Räume, zum Beispiel Kopierzimmer und Archive oder digitale Arbeitsplätze. Dem persönlichen Hefter einen visualisierten Fixplatz zu geben, obwohl der Benutzer in der Praxis nie danach suchen muss, verursacht unnötigen Widerstand (siehe Textrahmen „Durchschlagender Erfolg?“).

Fokussieren Sie sich im Büro auf gemeinsam genutzte Arbeitsplätze!

1.4 Die acht tödlichen Ausfallarten

Es hat sich der Begriff „Ausfälle" in den folgenden Passagen eingebürgert. Die Lean-Philosophie (siehe Abschnitt 1.5) spricht von acht verschiedenen Ausfallarten. Diese werden als sogenannte „acht tödliche Ausfälle" bezeichnet. Die Definition und Beschreibung folgt in diesem Abschnitt.

Ein Prozess ist eine Verkettung von Aktivitäten in einer festgelegten und (hoffentlich) logischen Reihenfolge, die ein Ergebnis zum Ziel hat. Das Ergebnis ist ein Produkt oder eine Dienstleistung. Ob es sich nun um die Herstellung von Erdnussbutter handelt oder um eine Dienstleistung für einen Kunden, unabhängig davon müssen die Angestellten auf verlässliche und standardisierte Prozesse bauen können, damit sie ihre Aufgaben erledigen und für den Kunden einen Mehrwert realisieren können.

Die Perspektive des Kunden

Bei Prozessaktivitäten kann man zwei Kategorien unterscheiden: wertzuführend und nicht wertzuführend. Sieht der Kunde den Zweck eines Arbeitsschritts? Das Bewegen der Ware oder Herstellen kann man innerhalb der Organisation als sinnvoll erachten, der Kunde sieht ihre Bedeutung nicht. Aktivitäten, die in den Augen des Kunden keinen Zweck erfüllen, nennen wir „Ausfälle".

Die 8 tödlichen Ausfälle:

Fehler und Mängel

Ideale Prozesse ergeben Produkte oder Dienste, die auf Anhieb gut sind. Aus Prozess- oder Bearbeitungsfehlern heraus können Produkte oder Dienstleistungen entstehen, die nicht dem Kundenwunsch entsprechen. Das sind zum Beispiel Mängel bei der Rechnungsstellung oder bei Auftragsdetails, wie einem abweichenden Farbton, falscher Größe, falscher Etikettierung oder einem fehlerhaften Haltbarkeitsdatum. Produkte mit einem Mangel können beispielsweise gesundheitsschädlich sein.

DEFECTS

Nachbearbeitung
Nachbearbeitung bedeutet, dass ein Produkt oder eine Dienstleistung, das oder die nicht den Anforderungen genügt, nachbearbeitet werden muss. Dazu sind nochmals weitere Arbeitsvorgänge, Energieaufwand und Verpackungsmaterial notwendig. Es gibt sogar Produktionsbetriebe, die eine extra Produktionslinie unterhalten, mit der beispielsweise fehlerhaft verpackte Produkte erneut verpackt oder mit einem neuen Datumscode versehen werden können.

EXTRA-PROCESING

Kontrolle

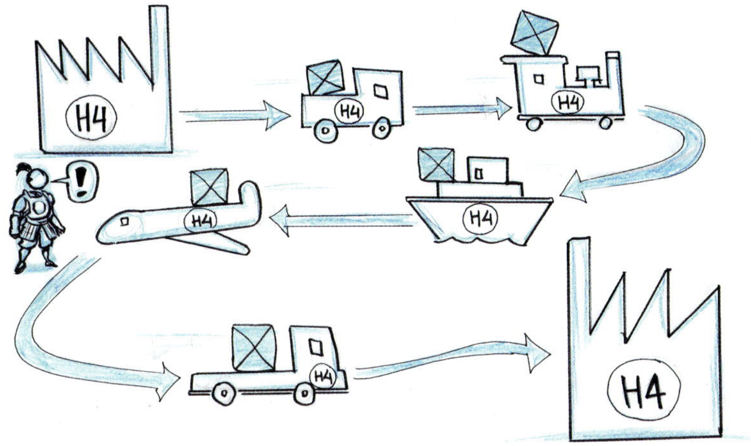

Es besteht ein Zusammenhang zwischen dem Maß der Kontrolle und dem Konfidenzniveau von Prozessen. Je weniger verlässlich ein Prozess ist, desto mehr Kontrolle des Prozesses selbst oder der daraus resultierenden Produkte ist notwendig. Anders gesagt, ein Prozess, auf welchen vollkommen Verlass ist und bei dem es keine Ausfälle gibt, erfordert keine Kontrolle. Kontrolle kann manchmal notwendig sein, stellt jedoch für den Kunden aber auch keinen Mehrwert dar. Eine Organisation, die viel Zeit und Geld in die Kontrolle steckt, gibt den Schein der Verlässlichkeit vor. Faktisch gesehen ist es jedoch eher so, dass das Konfidenzniveau der Prozesse niedrig ist.

Wartezeiten

Prozesse sind nur dann wertschöpfend, wenn die Produkte oder Dienstleistungen den Wünschen des Kunden entsprechen. Ein Prozess, der ins Stocken gerät, ist nicht wertschöpfend. Selbst dann nicht, wenn das Personal nebenher mit allerlei anderen Dingen beschäftigt ist. Totzeiten wie Reinigen oder Umstellen können geplant sein. Sie können aber auch ungeplant sein (wie bei technischen Störungen, bei ausstehenden Materiallieferungen, Zulieferer, Transport). Noch ärgerlicher wird es, wenn der Kunde auf sein Produkt oder seine Dienstleistung warten muss. Warten ist ein Wort, das mit einer Tätigkeit verbunden ist: Es finden viele Handlungen statt, aber keine, die dem Prozess einen Wert zuführen.

WAITING

Vorratshaltung

INVENTORY

Vorratshaltung ist eine Form des Wartens. Ein Prozess an sich wartet nicht, allerdings die Produkte schon. Materialien, in denen viel Zeit und Geld steckt, liegen zum Verladen oder für den Kunden, der sie kaufen möchte, bereit. Diese Produkte haben Geld gekostet, aber noch nichts eingebracht. Um sich Vorräte leisten zu können, muss ein Unternehmen viel Geld zur Verfügung haben oder es sich bei der Bank leihen. Der Lagerraum, den Vorratshaltung in Beschlag nimmt, und das Risiko, dass die Vorräte unverkäuflich sind, können hohe Kosten nach sich ziehen. Bei administrativen Prozessen können Vorräte noch nicht bearbeitete Bestellungen sein, nicht bearbeitete Anfragen oder Büromaterial.

Bewegung

Je mehr Vorrat vorhanden ist, desto mehr werden Produkte verschoben. Paletten mit Gütern, die direkt vom Band kommen, werden mit einem Gabelstapler ins Lager gebracht. Diese Aktion ist nicht wertschöpfend. Wenn Mitarbeiter unterwegs sind, um Materialien oder Dokumente zu holen oder diese an eine andere Stelle bringen, dann ist das nicht weniger als eine Form des Verschiebens, was aus Kundensicht nicht wertschöpfend ist.

Überproduktion

Um ein Produkt oder eine Dienstleistung zufriedenstellend herstellen oder erledigen zu können, ist ein bestimmtes Minimum an Materialien oder Zeit nötig. Wenn mehr (Arbeits-) Zeit und Materialien aufgewendet werden als notwendig sind, so bezeichnen wir dies als „Überproduktion". Eine Variante der Überproduktion ist die Herstellung eines Produkts mit viel Mehraufwand, der gegenüber dem Kunden keinen Wert darstellt. Überproduktion bei Dienstleistungsprozessen kann die Erstel-

lung eines ansprechenden Berichts sein, wenn im Gegensatz dazu auch eine kurze Notiz vollkommen genügen würde.

Unterforderung von Talent

Jede Organisation verfügt über Mitarbeiter, die über mehr oder minder großes Wissen oder große Talente verfügen. Durch ihre Kenntnisse und Erfahrung haben sie oft Ideen, um ihre Arbeit noch effizienter und besser zu gestalten und die Zufriedenheit des Kunden zu steigern. Wenn Manager ihren unterbreiteten

Vorschlägen und Optimierungsideen keine Beachtung schenken, können sich die Mitarbeiter zu Menschen entwickeln, die ihre Arbeit monoton und automatisch verrichten. Diese Menschen setzen ihre Talente und Kreativität als Konsequenz an anderer Stelle frei und engagieren sich in Freiwilligenarbeit. „Hier bin ich Mensch", sagte einmal ein Angestellter.

1.5 Die Rolle von 5S bei Optimierungssystemen wie TPM und Lean

5S – Die Basis von Verbesserungsprogrammen

Die Durchführung einer 5S-Aktion zur Säuberung und Organisation des Arbeitsplatzes wird oft als Grundlage von Optimierungssystemen wie TPM oder Lean angesehen. Schritt 1: Zuerst ist 5S an der Reihe. Und es gibt gute Argumente, diesem Prinzip zu folgen:

Zuerst 5S, dann andere Optimierungsaktivitäten

Verbesserungsteams

Eines der bedeutsamsten Werkzeuge von obengenannten Optimierungssystemen ist der Einsatz von Optimierungsteams oder Kaizen-Teams. Hierbei handelt es sich um Mitarbeitergruppen, die mit Optimierungen beauftragt wurden, um Ausfällen vorzubeugen, die der Effektivitätssteigerung von Produktionslinien oder administrativen Vorgängen entgegenstehen. Zum Beispiel erhält solch ein Team den Auftrag, die Rüstzeiten zu verkürzen, Störfaktoren zu eliminieren oder kurze Stopps (Stopps kürzer als 5 Minuten: die stotternde Produktionslinie) auszuschließen. Falls die Produktionslinie und der zugehörige Arbeitsplatz unordentlich und schmutzig sind und übermäßig viele Instandhaltungsarbeiten anfallen, dann ist das die Aufgabe dieser Teams, den Mangel zu beseitigen. In diesen Fällen ist es in der Tat praktikabel, den Missstand mit Hilfe von 5S zu beheben und die Produktionslinie auf das Basisniveau zu bringen und danach erst die Optimierungsteams einzusetzen. Es kann durchaus vorkommen, dass durch den Einsatz von 5S bereits einige Ausfallfaktoren behoben und Störungsursachen sowie sich häufende, kurze Stopps beseitigt werden.

In einigen Situationen ist es angebracht, zu Beginn eines Optimierungsprogramms gemeinschaftlich in Aktion zu treten. Optimierungsteams oder Kaizen-Teams setzen sich aus einem kleinen Teil der Gesamtbelegschaft zusammen, bei 5S ist jeder beteiligt.

Erst andere Optimierungsaktivitäten, später 5S

In vielen Fällen bietet es sich an, dass der erste Schritt zur Optimierung der Einsatz von 5S ist. Allerdings gibt es auch Situationen, bei denen mit etwas anderem begonnen werden könnte: Wenn an der Abteilung visuell nichts auszusetzen ist und nur wenige Materialien herumliegen, kann der Eindruck entstehen, dass 5S nicht viel ausrichten kann. Aber Vorsicht! Viele Mängel sieht man erst auf den zweiten Blick. Auch fällt die Einschätzung schwer, wenn der Blick durch die 5S-Brille noch nicht geschult ist. Auch Operationssäle und Produktionslinien von pharmazeutischen Betrieben können 5S gut gebrauchen.

TPM – Total Productive Maintenance
TPM ist ein aus den USA stammendes Optimierungssystem, das sich in den 50er Jahren des vorigen Jahrhunderts entwickelt hat. Ursprünglich wurde es als eine Methode zur präventiven Instandhaltung eingesetzt. In Japan entwickelte das Unternehmen Nippon Denso (eine Tochter von Toyota) diese Philosophie als Total Productive Maintenance weiter, wobei „Total" für „uneingeschränkte" Teilnahme steht - jeder macht mit - und „Maintenance" für die Aufrechterhaltung der idealen Produktionsbedingungen. Es war für diese Zeit nicht unüblich, dass sich die Mitarbeiter in der Produktion ausschließlich auf die Produktion konzentrierten, Monteure auf das Reparieren und die Qualitätskontrolle war letztendlich für die Qualität der Produkte zuständig. Wenn eine Maschine ausfiel, konnte der Angestellte der Produktion einen Kaffee trinken gehen, während der Monteur mit der Reparatur beschäftigt war. Es wundert kaum, wenn in einem derartigen Betrieb die Monteure die Produktionsmitarbeiter für minderbegabte Knöpfchendrücker hielten. In der Zeit, in der TPM aufkam, wurden ständig komplexere Maschinen entwickelt, wodurch auch mehr Monteure für den Unterhalt und für die Störungsbehebung angestellt werden mussten. Der Gedanke der Ingenieure bei Nippon Denso ging dahin, die Maschine bereits im Vorfeld zu warten, z.B. die Reinigung, das Schmieren und einen Teil der Inspektionsarbeit

den Angestellten der Produktion zu überlassen. Die Monteure sollten sich ausschließlich mit verzwickten Aufgaben auseinandersetzen, die Mitarbeiter in der Produktion sollten sich mit der Maschine näher vertraut machen. Dieser wichtige Teilbereich von TPM nennt sich „Autonome Instandhaltung" (siehe Kapitel 6). Mit der „Autonomen Instandhaltung" sollen die Mitarbeiter in der Produktion - neben den Monteuren - dem Verschleiß der Maschinen entgegenwirken und die Produktivität erhöhen. Man könnte auch sagen: Zusammen sind wir für die Produktivität und die Lebensdauer der Maschinen verantwortlich.

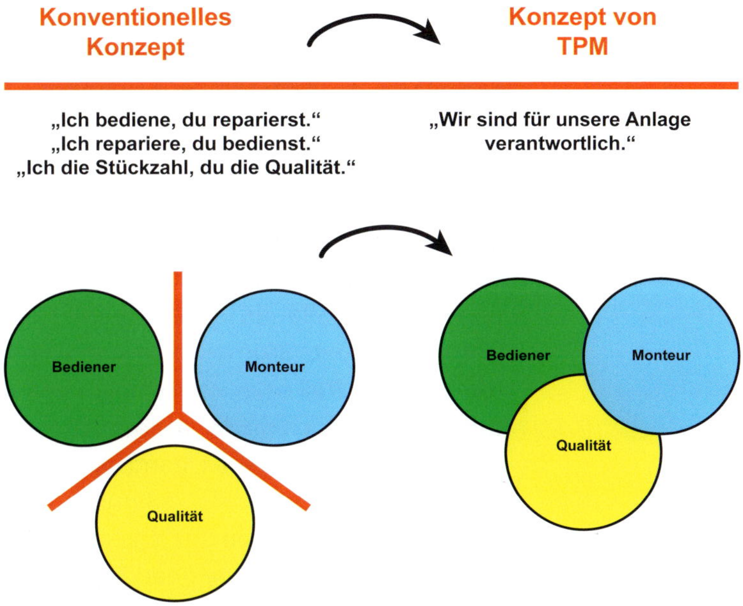

Abbildung 3: Erst die Grundbedingungen in Ordnung bringen, danach optimieren

Kurzfristig sichtbare Resultate sind wichtig

Ein anderer Grund, das Optimierungsprogramm nicht mit 5S zu starten, ist der, dass es großen Widerstand gegen die Einführung eines Optimierungssystems geben kann. In dieser Situation ist es wichtig, erst einmal kurzfristig sichtbare und messbare Resultate vorzuzeigen, die der Effektivitätssteigerung von Produktionsprozessen (oder administrativen Prozessen) dienen. Die Arbeit mit Optimierungsteams und Kaizen-Teams bietet sich deshalb bei weniger komplexen, kurzfristigen Optimierungsaufgaben eher an. Wenn sich das Optimierungskonzept selbst bestätigt hat, ist es Zeit für 5S.

Lean Thinking
Lean (dünn, hager) nennt sich eine Managementphilosophie, die auf die Eliminierung aller Ausfälle und die maximale Wertschöpfung für den Kunden ausgerichtet ist. Prozesse sind als Wertschöpfungsketten anzusehen. Innerhalb dieser Wertschöpfungsketten gibt es sowohl wertzuführende Schritte als auch Ausfälle. Der Unterschied ergibt sich aus der Perspektive des Kunden. Das wichtigste Merkmal von Lean ist: Der Kunde steht im Mittelpunkt, die Prozesse und die Organisation werden nach den Belangen und Wünschen des Kunden ausgerichtet. Die gesamte Organisation wird von einem Gedanken durchzogen, nämlich den acht tödlichen Ausfällen mit Perfektion entgegenzuwirken, was heißt: diejenigen Mitarbeiter, die an den Prozessen direkt arbeiten, optimieren diese. Der Ursprung von Lean findet sich beim japanischen Automobilhersteller Toyota. Die Anfänge lassen sich auf die 60er-Jahre zurückdatieren. Weltweit wenden zahlreiche Organisationen die Prinzipien von Lean an. Unternehmen aus der Industrie sind Hauptanwender des Lean-Gedanken, aber auch dienstleistende Organisationen und sogar der öffentliche Bereich setzt auf diese Philosophie. 5S ist getreu dem Motto „To be lean you must be clean!" ein fester Bestandteil einer Lean-Implementierung. TPM fokussierte ursprünglich die Maschine, während bei Lean eher der Kunde im Mittelpunkt stand. Später haben sowohl TPM als auch Lean voneinander gelernt, indem sie zahlreiche Optimierungstechniken des jeweils anderen übernommen haben. Organisationen nennen TPM darum auch gegenwärtig Total Productive Management.

Erst Ordnung schaffen

Störungen vermeiden statt beheben

Im Produktionsumfeld lohnt sich der Aufwand, einige Zeit bei der Schaffung der Grundbedingungen der Prozesse aufzuwenden. Durch die Kombination aus gut unterwiesenem Bedienpersonal und einer gut gewarteten und sauberen Installation lassen sich viele Störungen vermeiden. Die Störungsursachen können in allen 4 Ms liegen:

- Maschine
- Material

- Methode
- Mensch

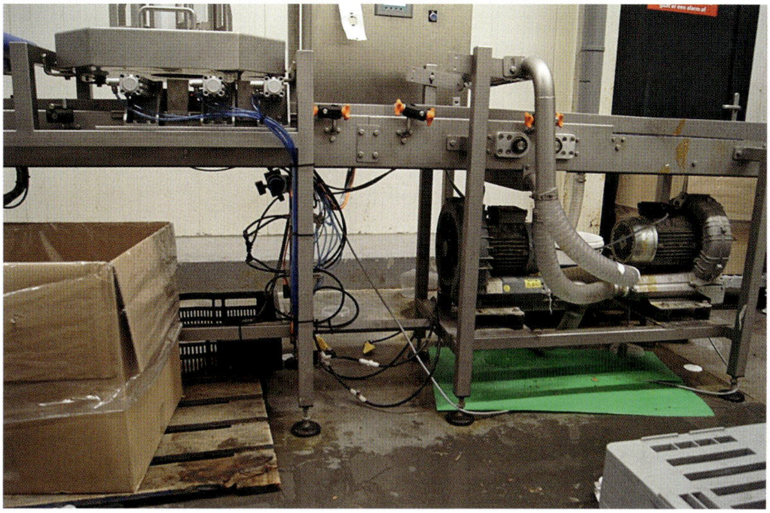

Abbildung 4: Erst die Grundbedingungen in Ordnung bringen, danach optimieren

Grundbedingungen schaffen

Problemanalysen sehen die hauptsächliche Störungsursache im Menschen und in der Methode, im falschen Moment auf den falschen Knopf zu drücken und den Instruktionen nicht zu folgen. Schätzungen und Messungen zufolge beziffern die Quote für diese Fehlerart daher auf etwa 70 - 80% (o.a. Shappell & Wiekmann 1996). Wir werden sehen, dass Optimierungsvorschläge oder Lösungen der Optimierungsteams sich sehr oft um die Ausgangslage drehen, nämlich: eine Arbeitsanweisung zu erstellen, dafür zu sorgen, dass sich jeder an diese hält, überfällige Instandhaltungsarbeiten zu erledigen und die Betroffenen über den Prozess in Kenntnis zu setzen.
Manchmal ist die Störungsfrequenz so „unkalkulierbar" und instabil, sowie eine Maschine so vielen Störfaktoren ausgesetzt, dass es noch zu früh ist, um strukturiert analysieren und optimieren zu können. Zuerst sind die Grundbedingungen zu schaffen.

Ein unordentlicher, schmutziger Arbeitsplatz, an dem sich niemand an die Instruktionen hält, ist eine unkalkulierbare Basis für eine kontinuierliche Optimierung.

Erst den Prozess stabilisieren, dann optimieren

Zuerst muss dafür gesorgt werden, dass der Prozess sich stabilisiert, selbst wenn das noch auf einem unakzeptablen Niveau geschieht. Wenn der Prozess nach einiger Zeit weniger Schwankungen ausgesetzt ist, ist die Zeit für Optimierungsteams oder andere Optimierungsmaßnahmen gekommen. Dadurch, dass die Grundbedingungen im Vorfeld geschaffen werden, nimmt man den Optimierungsteams bereits Arbeit ab, da einige Verbesserungsvorschläge, die man gehabt hat, bereits darin eingearbeitet worden sind.

5S-Programme können Jahre dauern. Es gibt Betriebe, die mit der kontinuierlichen Optimierung noch solange warten, bis sie den Zeitpunkt als gekommen sehen, an dem die Grundbedingungen optimal sind.

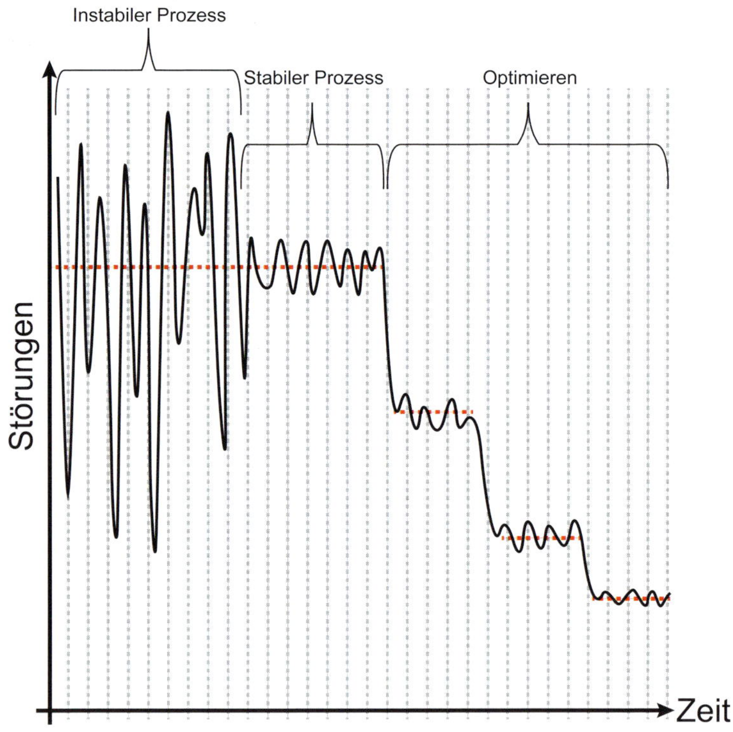

Abbildung 5: Den Prozess erst stabilisieren und dann optimieren

Natürlich lassen sich mit 5S nicht alle Ausfallursachen wie Störungen und Qualitätsprobleme lösen. Dafür ist eine eingehendere Analyse nötig, um die Ursachen zu finden und zu klären, z.B. mit Kaizen- oder Optimierungsteams.

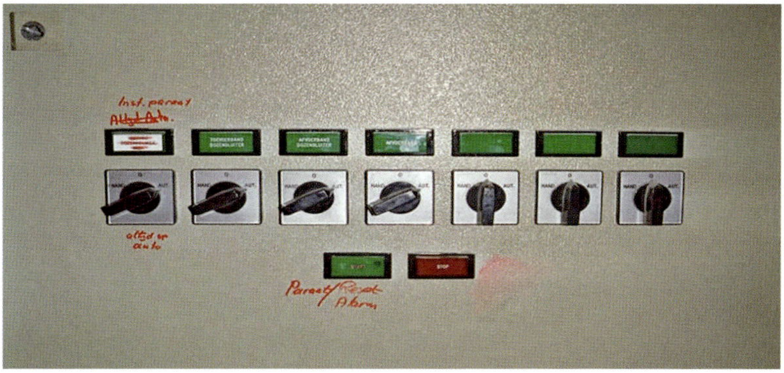

Abbildung 6: Einstellung einer Apparatur?

Koert van de Pest (Supply Chain Direktor Heineken)
"Es gilt die Faustregel, viel Energie in die Schaffung der richtigen Grundbedingungen zu stecken. Einer der Pfeiler von TPM ist die Autonome Instandhaltung. Ich kann mit Recht sagen, dass wir damit bei Heineken sehr weit vorangekommen sind. Wir legen viel Wert darauf, dass der Arbeitsplatz sauber bleibt, standardisiert und visualisiert ist, und geben uns viel Zeit mit dem Training unserer Angestellten, damit sie die Technik und die Standards begreifen. Der Großteil der Störungen hat menschliche Ursachen. Das bedeutet, Gewinn ist zu holen, wenn die Grundbedingungen stimmen. In den ersten Jahren des TPM-Programms hatten wir zahlreiche Kaizen-Teams gebildet. Im Nachhinein gesehen hätten wir uns vier von fünf Optimierungsteams sparen können, wenn wir mehr Energie in die Schaffung der Grundbedingungen hineingesteckt hätten."

2. Die Leitungsfunktion bei der 5S-Implementierung

Langfristiger Erfolg oder Rückfall

Mit 5S anzufangen bedeutet auch, mit 5S fortzufahren. Im Prinzip hört der Prozess nie auf, denn man strebt nach dem idealen Arbeitsplatz ohne Verluste. In der Praxis ist es aber oft schon schwierig genug, einen Rückfall zu verhindern. Wie sorgen Sie nun dafür, dass 5S nicht zu einer kurzen Episode wird, sondern zur Dauereinrichtung? Wird 5S erstmals eingeführt, kostet das Energie. Soll aber 5S nach einem missglückten Versuch ein zweites Mal implementiert werden, braucht es dafür doppelt so viel Energie. Die Mitarbeiter haben dann alle schon einmal ein Scheitern des Programms erlebt und ihr Vertrauen für einen zweiten Versuch ist sehr schwer zurückzugewinnen.

Unterstützer, Mitläufer, Gegner

Die Erfahrung zeigt, dass die Mitarbeiter eines Unternehmens unterschiedlich über den Nutzen von 5S denken. Ein Teil findet es in der Regel großartig, dass man sich endlich ernsthaft um den Arbeitsplatz kümmert. Fördern Sie diese Personen und geben Sie ihnen eine wichtige Position im Projekt, zum Beispiel einen Sitz in einem 5S-Team. Daneben gibt es ein großes Mittelfeld von Mitarbeitern, die den Nutzen zwar erkennen, denen aber auf die Sprünge geholfen werden muss. Sie beteiligen sich an der Implementierung aus Neugier. Mit etwas Geschick kann man auch sie begeistern, besonders wenn es sichtbare Verbesserungen gibt.

Als Führungskraft müssen Sie die 5S-Prinzipien verstehen!

Es gibt auch immer eine Gruppe von Mitarbeitern, die das Projekt für völligen Unsinn halten. Oftmals sind dies Mitarbeiter, die ein Interesse an der Intransparenz ihrer Arbeit und somit auch ihres Arbeitsplatzes haben. Manchmal sind es auch Menschen, deren Ordnungs- und Sauberkeitsgefühl weniger ausgeprägt ist. Es kann gut sein, dass ihr Arbeitsplatz genauso aussieht wie ihre Rumpelkammer zu Hause.

2.1 Manager, glaubst du selbst daran?

5S ist ein Prozess, der das gesamte Unternehmen betrifft; alle müssen sich daran beteiligen. Wenn eine Abteilung mit dem

Cleanout beginnt, nehmen alle Mitarbeiter daran teil, einschließlich der Führungskräfte. Das große Mittelfeld der Mitarbeiter verhält sich zunächst abwartend und muss in Bewegung gebracht werden. Hierfür muss das Gemeinschaftsgefühl der Gruppe gestärkt werden. Den Führungskräften kommt dabei eine wichtige Rolle zu, besonders den Mitgliedern der Geschäftsleitung. Sie müssen erklären können, warum 5S angewendet wird und warum sie daran glauben, dass es gut für das Unternehmen ist, den Arbeitsplatz zu organisieren und zu visualisieren. Die Geschäftsleitung muss auch garantieren, dass Mittel für das 5S-Programm bereitgestellt werden. Geld ist ein wichtiger Faktor, aber in der Praxis erweist sich der Faktor Zeit als noch viel kritischer. Die Mitarbeiter werden schon am ersten Tag fragen, ob ihnen ab jetzt strukturell die Zeit gegeben wird, regelmäßig aufzuräumen und den Arbeitsplatz sauber zu halten. Wenn Sie darauf als Manager keine Antwort haben, wird bei den Mitarbeitern das Misstrauen wachsen: „Ich soll aufräumen und putzen, aber man gibt mir nicht die Zeit dafür."

Rolle des Managements

Praxis: Die 5S-Stunde

Das Management einer Stahlfabrik im Ruhrgebiet entscheidet sich dafür, die Produktion jede Woche am Freitagmorgen eine Stunde lang zum Saubermachen anzuhalten, da es an einen positiven Effekt eines gut organisierten und sauberen Arbeitsplatzes glaubt. Das Unternehmen arbeitet im Schichtbetrieb, aber auch alle Mitarbeiter der jeweiligen Tagschicht beteiligen sich an der Aktion, sogar die Techniker und die Produktionsleitung. Während der Reinigung werden allerlei kleine Abweichungen an den Fertigungsanlagen entdeckt und behoben oder notiert, damit sie zu einem späteren Zeitpunkt behoben werden können. Der Produktionsverlust infolge des Stillstands wird mehr als zurückverdient, da es unter der Woche weniger ungeplante Stillstandszeiten aufgrund von Verschmutzungen oder Störungen gibt.

Die Produktionsmitarbeiter schätzen diese Aktion sehr, aber Verkauf und Planung sind skeptisch. Die Produktionsleitung in diesem Unternehmen hält stand: Die 5S-Stunde bleibt bestehen, auch wenn der Produktionsdruck steigt.

Manager, zeige dass du es ernst meinst. Beteilige dich am Cleanout!

Mit gutem Beispiel voran

Die Manager des Unternehmens müssen darauf achten, dass sie glaubwürdig auftreten. Wenn ein Manager predigt, wie wichtig ein aufgeräumter Arbeitsplatz für effizientes Arbeiten ist, darf sein eigenes Büro nicht unordentlich sein, sonst würde das seine Worte entkräften. Noch wichtiger ist aber das Verhalten des Managers, wenn einer seiner Mitarbeiter sich vor dem Aufräumen drückt oder sich nicht an die vom Team ausgearbeiteten Standards halten will. Sobald das Management diese Übertretungen zulässt oder sich selbst Übertretungen zuschulden kommen lässt, wird sich das auf das Verhalten der Mitarbeiter auswirken. Geben Sie gleich zu erkennen, dass Sie das nicht akzeptieren – nicht indem Sie in einer Arbeitsbesprechung allgemein feststellen, dass sich alle an die Regeln halten müssen, sondern indem Sie die betreffenden Mitarbeiter persönlich auf ihr Verhalten ansprechen.

Konsequenz des Managements

Aktive Mitarbeit des Managements

Eine andere Art für Führungskräfte, ihr Engagement zu zeigen, ist die aktive Mitarbeit beim Cleanout, dem Anfangstag von 5S: Einfach überall mitmachen, Putzlappen in die Hand nehmen und sauber machen. Das wirkt ausgesprochen motivierend. Es kann gut sein, dass Sie als Manager der erste sind, der sich an die Arbeit macht, während ihre Mitarbeiter noch zögern. Sie werden jedoch feststellen, dass ihre Mitarbeiter dieses Engagement sehr schätzen. Es ist gut, diese Einstellung über den Verlauf des 5S-Programms beizubehalten. Fragen Sie immer wieder nach dem Fortschritt und sehen Sie selbst in den Abteilungen nach, ob schon Verbesserungen sichtbar sind. Achten Sie als Führungskraft darauf, dass Sie am Arbeitsplatz sichtbar bleiben. Ihre Begeisterung wird auch unter den Mitarbeitern Begeisterung schaffen.

Abteilungen, die ein gutes Ergebnis geschafft oder einen großen Sprung nach vorne gemacht haben, können für ihre Teamleistung besonders hervorgehoben werden. Nehmen Sie sich als Führungskraft Zeit dafür; zeigen und sagen Sie, dass Ihnen diese

Leistung wichtig ist, aber betonen Sie auch, wie gut es ist, dass man diese Leistung als Team erreicht hat.

Praxis: Es muss aber auch noch gearbeitet werden

Das Cleanout in der Produktionsabteilung einer Farbenfabrik dauerte drei volle Tage. Diese Zeit war auch notwendig, denn die Abteilung, in der die Reaktoren stehen, um den Grundstoff für Farbe herzustellen, war schmutzig, dunkel und es lag viel überflüssiges Material herum. Nach diesen drei Tagen sieht die Abteilung ein ganzes Stück besser aus und die Mitarbeiter sind mit dem Ergebnis und dem 5S-Programm zufrieden. Während dieser drei Tage war der Produktionsleiter gerade einmal eine Viertelstunde in der Abteilung. Zeit für ein Gespräch mit den Mitarbeitern nahm er sich nicht. Am Ende des dritten Tages präsentierten die Mitarbeiter dem Management, was sie erreicht hatten und wie sie die Organisation ihres Arbeitsplatzes in Zukunft fortsetzen wollten. Es ist üblich, dass der Manager das letzte Wort hat, sodass er auf die Aktion und die Worte der Mitarbeiter reagieren kann. Der Produktionsleiter dieser Farbenfabrik beendete seine eher vage Ansprache mit den Worten: „Es ist sehr gut, dass Sie die Abteilung aufgeräumt und gesäubert haben, aber ich will sehr wohl auch sehen können, dass hier gearbeitet wird."

2.2 Die Organisation von 5S

Nachdem einmal beschlossen wurde, dass 5S eingeführt werden soll, kann die Organisation des Programms festgelegt werden. Jede Abteilung, die mitmacht, bildet ein 5S-Team, das aus einigen Mitarbeitern und dem Leiter dieser Abteilung besteht. Das Team erhält einen Auftragsbrief vom 5S-Ausschuss, der unter anderem das Budget enthält, mit dem kleine Anpassungen an den Arbeitsplätzen vorgenommen werden können. Am besten ist es, nach dem Linking-Pin-Modell zu arbeiten, siehe Abbildung 7. Die Personen, die die Rolle der Linking Pins einnehmen, sitzen immer in zwei Teams, damit sie in beiden Teams Bericht erstatten können und es möglichst wenige Kommunikationsstörungen gibt.

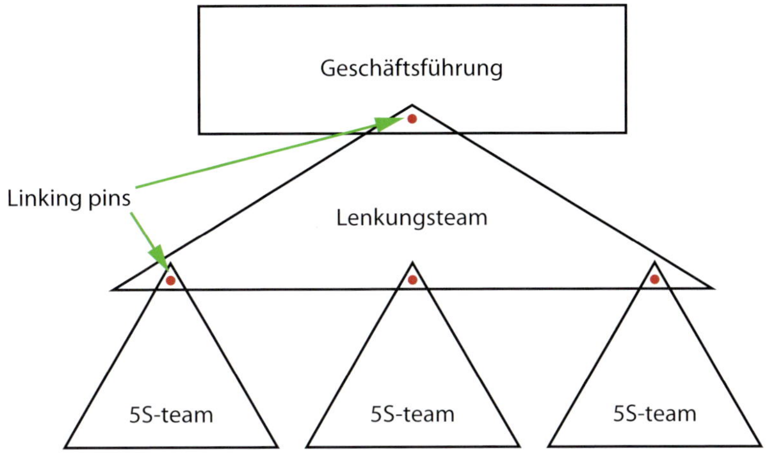

Abbildung 7: 5S-Organisationsmodell mit Linking pins

Geschäftsleitung = Auftraggeber

Pilotprojekte

Die Geschäftsleitung bestimmt, welche Abteilungen mit 5S arbeiten werden und in welchen Abteilungen die Pilotprojekte durchgeführt werden. Kriterien nach denen eine Abteilung für ein 5S-Pilotprojekt ausgewählt wird, können sein:

- Der Raum wird auch von Kunden besucht.
- Es gibt einen nachgewiesenen Bedarf, den Arbeitsplatz zu organisieren (zum Beispiel weil es dort unübersichtlich und unordentlich ist).
- Mehrere Mitarbeiter teilen sich einen Arbeitsplatz.
- Ein großer Teil der Mitarbeiter ist mit dem derzeitigen Zustand des Arbeitsplatzes nicht zufrieden.
- Die Abteilung wird umgebaut oder verlegt – ein besonders guter Zeitpunkt für 5S.
- Die Abteilung hat einen neuen Leiter bekommen, der 5S anwenden will, um die Grundbedingungen wiederherzustellen und seine Mitarbeiter besser kennenzulernen.
- Ein positiver Effekt ist wahrscheinlich.

Unterscheiden Sie zwischen der Implementierung und dem Deployment, also der „Entfaltung" von 5S. Eine Implementierung ohne Deployment bedeutet, dass ein paar isolierte (Teile von) Abteilungen 5S angewendet haben, der Rest des Unternehmens aber nicht. Die Wahrscheinlichkeit, dass diese Abteilungen durchhalten, ist nicht sehr hoch. Die Geschäftsleitung ist dafür verantwortlich, dass 5S im gesamten Unternehmen umgesetzt wird.

Daneben fungiert die Geschäftsleitung als formaler Auftraggeber von 5S. Sie formuliert den Auftrag und die Ziele und stellt das Budget sowie die (mindestens genauso wichtige) Zeit zur Verfügung.

Stellen Sie als Auftraggeber neben dem Budget auch die notwendige Zeit zur Verfügung!

Der 5S-Ausschuss

5S-Ausschuss

Jede Abteilung hat ihr eigenes 5S-Team. Einige Mitglieder der Teams sitzen auch im 5S-Ausschuss. Den Vorsitz übernimmt ein Mitglied der Geschäftsleitung. Der Ausschuss bestimmt und überwacht die Implementierung und die Entfaltung von 5S in groben Zügen. Das beinhaltet etwa:

- Die Erstellung einer Detailplanung für das 5S-Programm: Wann kommt welche Abteilung an die Reihe und wann findet welche 5S-Sitzung statt?
- Sicherstellung, dass alle Mitglieder der 5S-Teams eine 5S-Schulung bekommen.
- Überwachung und Kursanpassungen des gesamten Fortschritts von 5S im Betrieb.
- Festlegung, wie der Fortschritt und das Ergebnis von 5S gemessen werden.
- Kommunikation des Fortschritts und der Ergebnisse von 5S an das gesamte Unternehmen.
- Überwachung der 5S-Standards.

Das 5S-Team

5S-Team

Das 5S-Team bereitet den Einführungstag (Cleanout) vor, sammelt und ordnet die Verbesserungsvorschläge und sorgt für die weitere Entfaltung von 5S in der Abteilung. Es überwacht den Fortschritt von 5S in der Abteilung und erstattet Bericht an den Ausschuss. Bestellen Sie 3 bis 4 Mitarbeiter in das Team. Dabei muss es sich um Personen handeln, die die Notwendigkeit der

Arbeitsplatzorganisation erkennen und bereit sind, Energie dafür zu investieren. Sie werden eine Vorbildfunktion in der Abteilung haben. Ihre Begeisterung kann auch ansteckend sein. Bei der Auswahl der Teilnehmer achtet der Abteilungsmanager auf eine gute Mischung unterschiedlicher Fähigkeiten der Teammitglieder, damit 5S in gute Bahnen gelenkt werden kann. Neben Wissen und Erfahrung geht es dabei auch um die Fähigkeit zur Zusammenarbeit und die positive Ausstrahlungskraft auf die Kollegen in ihrer eigenen Abteilung.

Der 5S-Vermittler

Externe Unterstützung

Wissen über 5S und die Fähigkeiten für eine gute Implementierung können auch von außen ins Unternehmen geholt werden, indem man gute Lean-Berater beauftragt. Dieser externe Vermittler bildet die Mitglieder des Ausschusses und des 5S-Teams aus und betreut sie bei der 5S-Einführung. Um sicher zu sein, dass sich 5S zu einer Dauereinrichtung entwickelt, tut das Management gut daran, das Wissen und die nötigen Fähigkeiten von außen in den eigenen Betrieb zu holen. Interne 5S-Vermittler (oder Lean-Vermittler) betreuen dann die 5S-Teams am Anfang jeder Implementierung, leiten Schulungen und unterstützen die Entfaltung von 5S.

Bestellen Sie Mitarbeiter ins 5S-Team, die die Notwendigkeit der Arbeitsplatzorganisation erkennen!

2.3 Die Rolle des Ausschusses als Auftraggeber

Hohe Investitionen?

Wenn Mitarbeiter den Auftrag bekommen, ihren Arbeitsplatz mit 5S neu zu organisieren, möchten sie wissen, woran sie sind. Gibt es Geld, um benötigtes Material wie Visualisierungshilfsmittel, zusätzliches Werkzeug und dergleichen anzuschaffen? Neben allerlei kleinen Wünschen könnten die Mitarbeiter im Rahmen von 5S auch Verbesserungsvorschläge machen, die umfangreich sind. Es ist nicht undenkbar, dass Verbesserungsvorschläge gemacht werden, die das ganze Layout der Fertigungslinie oder der Abteilung betreffen. Einige Vorschläge aus Cleanouts, die die Autoren betreut haben:

- Rollregale in die Lager verlegen;
- einen veralteten Tunnelpasteur für Flaschen (gut 100 m^2) entfernen;
- eine Verwaltungsabteilung an die Vorderseite des Gebäudes verlegen;
- ein Bedienpult einer Maschine verlegen – eine Analyse zeigte, dass Produktionsmitarbeiter sehr große Entfernungen zu diesem Pult zurücklegten;
- Lagersysteme nach dem Kanban-System an den Fertigungslinien aufstellen;
- wöchentlich die Produktion eine Stunde lang anhalten, um gemeinsam zu reinigen.

Und auch:

- eine Klimaanlage anschaffen, um die Produktionshalle (3000 m^2) auch im Sommer auf angenehmer Arbeitstemperatur zu halten;
- einen zusätzlichen Gabelstapler anschaffen.

Legen Sie vor dem Start von 5S die Rahmenbedingungen fest!

Rahmenbedingungen

Wollen Sie all diese Vorschläge berücksichtigen? Oft ahnen Sie als Manager schon, welche Verbesserungen vorgeschlagen werden könnten. Es ist klug, gewissen Verbesserungsvorschlägen schon vorweg entgegenzuwirken, indem Rahmenbedingungen erstellt werden, die für alle Vorschläge gelten. Überlegen Sie sich, welche Verbesserungsvorschläge Sie verhindern möchten und blockieren Sie diese durch gut formulierte Rahmenbedingungen. Zum Beispiel: Teure Lösungen sind nicht erwünscht? Die entsprechende Rahmenbedingung wäre: Höchstsumme für die Verbesserungsvorschläge: € 5.000,-.

Urheberschaft und Rahmenbedingungen

Wenn sich Mitarbeiter selbst schlaue Lösungen überlegen, die ihre Arbeitsbedingungen verbessern und Verluste reduzieren, wird es kaum Widerstand geben. Es war schließlich ihre eigene Idee. Einerseits möchte der Auftraggeber, dass gute Ideen eine Chance bekommen. Zu einfache Lösungen („alles neu kaufen“) will er aber andererseits blockieren können, ohne dass die Mitarbeiter dadurch Mut und Glauben verlieren. Es ist von wesentlicher Bedeutung, dass die Verbesserungsvorschläge und Lösungen von den Mitarbeitern selbst kommen.

In der Praxis bekommt jede Abteilung, die an 5S teilnimmt, einen Auftragsbrief mit der Auftragsformulierung und dem Ziel für diese Abteilung. Daneben enthält der Auftragsbrief eine Reihe von Rahmenbedingungen, die den Spielraum für die Verbesserungsvorschläge begrenzen.

Rahmenbedingungen können sein:

- Höchstsumme, die ausgegeben werden darf, oder eine Variante davon, z. B. Amortisationszeit der Investitionen;
- keine Aufstockung des Personals;
- weitere Verwendung der derzeitigen Softwareanwendungen (nicht noch mehr Software!);
- gesetzliche Beschränkungen, etwa im Hinblick auf Sicherheit.

Fixes Budget

Eine Alternative wäre, den Mitarbeitern eines Büros oder einer Fertigungslinie ein fixes Budget für die Implementierung von 5S in ihrem Verantwortungsbereich zuzuteilen. Diesen Betrag dürfen sie nach eigenem Ermessen ausgeben. Ist das Budget aber verbraucht, ist es verbraucht. Das Ergebnis ist, dass die Mitarbeiter das Geld sinnvoll einsetzen und die Implementierung schnell vorangeht, da der Manager nicht jede Ausgabe einzeln genehmigen muss.

Lösungen der Gruppe umsetzen

Der Auftraggeber schafft alle Bedingungen, um die 5S-Aktion erfolgreich verlaufen zu lassen. Er stellt Mittel wie Zeit und Geld zur Verfügung und kann nötigenfalls seinen Einfluss geltend machen, wenn es im Unternehmen Widerstand gegen die Verbesserungsvorschläge gibt. Darüber hinaus garantiert er, dass Lösungen, die den vorab eindeutig festgelegten Rahmenbedingungen entsprechen, auch tatsächlich realisiert werden. Der Auftraggeber sollte die von der Gruppe gewählten Lösungen nicht blockieren. Tut er es doch, ist die Wahrscheinlichkeit hoch, dass das Team von seinem Auftrag entfremdet wird: „Seht ihr, wenn es darauf ankommt, bekommen wir ja doch nicht mehr Zeit und Geld.“

Ein Beispiel eines 5S-Auftragsbriefes findet sich in Anlage A.

Checkliste für die Geschäftsleitung und den Ausschuss:

☑ Die Zielsetzung der 5S-Implementierung ist klar formuliert und enthält messbare Indikatoren für die Ergebnisse.
☑ Die Ausschussmitglieder erklären deutlich und einheitlich, warum 5S angewendet werden soll.
☑ Es gibt eine 5S-Planung mit der Reihenfolge, nach der die Abteilungen 5S einführen.
☑ Zum Startzeitpunkt haben die Abteilungen ihren Auftragsbrief erhalten.
☑ Die im Auftragsbrief genannten Rahmenbedingungen sind deutlich aber nicht zu einschränkend.
☑ Die verfügbaren Mittel (Zeit und Geld) sind im Auftragsbrief klar formuliert.
☑ 5S ist ein Fixpunkt auf der Tagesordnung der Geschäftsleitung.

3 Mit 5S starten – Das Cleanout

Eine große Aktion schafft Aufmerksamkeit

Der beste Start für 5S ist es, gleich zu Beginn eine große Aktion durchzuführen. Die Aufmerksamkeit anderer Abteilungen und Kollegen wird somit auf diese Initialaktion gelenkt. Das Cleanout ist ein Praxistag, an dem die Teilnehmer ihre Arbeitsplätze aufräumen, säubern und visualisieren. Beim Cleanout werden die ersten 3 S praktisch umgesetzt. Je nach Größe der Abteilung und Ausmaß der Verschmutzung und Unordnung sind 1 oder 2, manchmal auch 3 Tage notwendig, um ein gutes Ergebnis mit dem Cleanout zu erzielen.

3.1 Das Cleanout vorbereiten

Vorbereitung

Um aus dem Cleanout das bestmögliche Ergebnis zu erzielen, muss sich das 5S-Team gut vorbereiten. Damit wird verhindert, dass Unklarheiten für die am Cleanout beteiligten Mitarbeiter entstehen oder der erfolgreiche Start zum Bespiel durch das Suchen von Reinigungsmitteln gebremst wird. Achten Sie der Reihe nach auf Folgendes:

- Sorgen Sie dafür, dass für die Abteilung ein klares Ziel mit 5S verbunden ist. Der Abteilungsleiter ist für eine gute Interpretation der 5S-Ziele der Geschäftsleitung verantwortlich und leitet daraus die Ziele für seine eigene Abteilung ab. Diese Ziele können sich auf den Aufwand oder auf das Ergebnis beziehen. Aufwandsziele sind zum Beispiel eine Mindestanzahl gewünschter Verbesserungsvorschläge oder die erzielte 5S-Bewertung beim Audit. Ergebnisziele beziehen sich auf die Reduktion von Verlusten, Verkürzung der Durchlaufzeiten von Verwaltungsprozessen, Platzeinsparungen oder die Reduktion von Unfällen am Arbeitsplatz. Es handelt sich zum Beispiel um Ziele für das laufende oder kommende Jahr.
- Der Abteilungsleiter leitet das Cleanout mit einer kurzen Einführung ein, in der er die Bedeutung eines aufgeräumten und visualisierten Arbeitsplatzes für die Abteilung und für jeden Einzelnen erklärt. Das 5S-Team kann dem Abteilungsleiter beim Verfassen seiner Eröffnungsansprache helfen. Sowohl die Mitglieder des 5S-Teams als auch die Abteilungsleiter sollten eine 5S-Schulung erhalten haben, damit sie wissen, wovon sie sprechen.

- Versenden Sie an alle Teilnehmer eine Einladung, die auch eine gut verständliche Erklärung von 5S, dem Cleanout und dem Tagesprogramm enthält. Erwähnen Sie in der Einladung gegebenenfalls, dass jeder in Arbeitskleidung kommen soll, da es ein Praxistag wird.
- Teilen Sie vorab den gesamten Arbeitsbereich in kleine Abschnitte auf. Teilen Sie alle Mitarbeiter in Gruppen von 2 bis 4 Personen für einen dieser Abschnitte ein. Achten Sie darauf, dass die Mitarbeiter ihren eigenen Arbeitsplatz organisieren und nicht den eines anderen. Gegenstände eines Kollegen wegzuwerfen, kann zwar Spaß machen, kann aber letztendlich auch zu großen Problemen führen. Ergänzen Sie die Gruppen mit Mitarbeitern, die nicht täglich im betreffenden Abschnitt arbeiten, die zum Beispiel in ihrer Tätigkeit (etwa als Wartungstechniker) durch die derzeitige Einrichtung des Raums behindert werden. Das kann neue Perspektiven auf die Situation ergeben.
- Bei jedem Cleanout gibt es eine kurze Präsentation über 5S und den Sinn des Cleanouts. Die Mitarbeiter sollen wissen, was sie an diesem Tag erwartet. Der Ausschuss kann eine Standardpräsentation erstellen, die das 5S-Team bei jedem Cleanout verwendet. Erklären Sie auch, was nach dem Cleanout passiert. Sprechen Sie kurz (max. 30 Minuten); die Mitarbeiter erwarten, dass es ein Praxistag wird.
- Sorgen Sie dafür, dass alles bereitsteht. Denken Sie dabei an:
    - Reinigungsmaterial (Besen, Eimer, Reinigungsmittel, Schwämme);
    - genug Mülleimer (eventuell getrennt);
    - rote 5S-Aufkleber oder Anhänger (sog. Red-Tags, siehe S. 56);
    - 5S-Anhänger und Kabelbinder (siehe Kapitel 4 und 6);
    - Sammellisten;
    - Fotoapparate;
    - Etikettendrucker zum Etikettieren von Regalbrettern;
    - buntes Klebeband zum Anbringen von temporären Bodenlinien;
    - 5S-Auditlisten;
    - Sicherungsmaterial zum Sichern von Maschinen.

Den Ist-Zustand erfassen

Um bei den Teilnehmern ein Bewusstsein für die Wichtigkeit einer guten Arbeitsplatzorganisation zu schaffen, hilft es, wenn sie den derzeitigen Zustand des Arbeitsplatzes selbst in Erfahrung bringen. Dazu kann man den Gruppen den Auftrag erteilen, Fotos von unübersichtlichen Situationen oder überflüssigen Gegenständen zu machen. Eine 5S-Auditliste (Anlage B und C) ist ein praktisches Hilfsmittel, um den Arbeitsplatz beim Cleanout zu beurteilen und später dauerhaft den Fortschritt von 5S zu messen. Das Ergebnis des Audits kann in einem Netzdiagramm wiedergegeben werden, auf dem sichtbar wird, welches S am schwächsten und welches am stärksten entwickelt ist. Machen Sie diese Diagramme am Gemba, also „am Ort des Geschehens" sichtbar und zugänglich. Die Beteiligten können dort, wo das 5S-Projekt durchgeführt wurde, ihren Status und Fortschritt erkennen.

Halten Sie den Ist-Zustand mit Fotos und einem Audit fest!

Das Programm für ein eintägiges Cleanout kann etwa so aussehen:

8:00 Uhr	Begrüßung der Teilnehmer durch den Leiter und Erläuterung der Tagesziele.
8:15 Uhr	Erklärung der Prinzipien von 5S und der 7 Verschwendungsarten.
8:30 Uhr	Erfassung der derzeitigen Situation (5S-Audit und Fotos).
9:00 Uhr	Kurze Erklärung der Theorie von S 1. Anwendung von S 1.
12:00 Uhr	Kurze Erklärung der Theorie von S 2. Anwendung von S 2 + Erfassung von Verbesserungsvorschlägen.
13:30 Uhr	Kurze Erklärung der Theorie von S 3. Anwendung von S 3 + Anhänger anbringen und Verbesserungsvorschläge erfassen.
15:00 Uhr	Präsentationen der verschiedenen Gruppen (gegenseitig und für den Auftraggeber).
16:00 Uhr	Stellungnahme des Auftraggebers über weitere Schritte und der weiteren Fortführung von 5S.

Abbildung 8: Abteilung vor und nach einem Cleanout

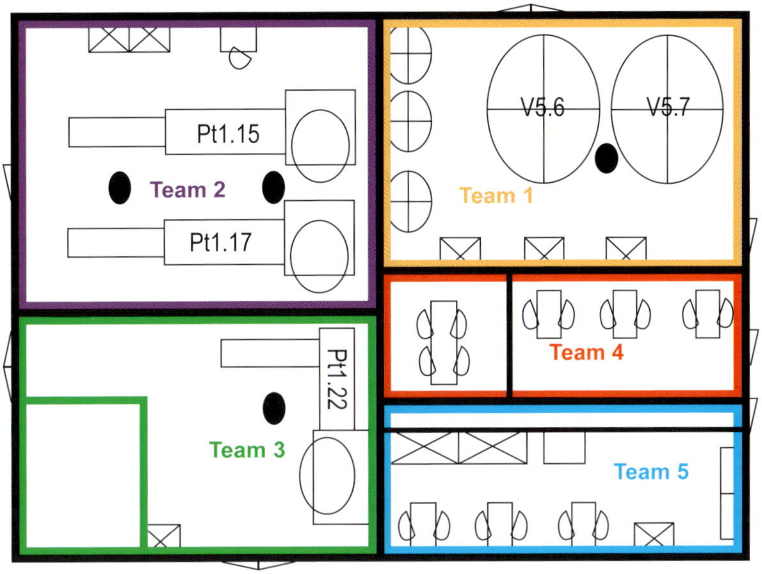

Abbildung 9: Übersicht unterschiedlicher Teams und die Organisation des Arbeitsplatzes

Individuelle Arbeitsplatzgestaltung

Fotos der Kinder, schöne Kaffeetassen, ein Bild oder ein Diplom. Dies alles sind Spielarten der individuellen Arbeitsplatzgestaltung. Wissenschaftler zufolge haben Menschen ein Bedürfnis nach Personalisierung ihres Arbeitsplatzes, um ihre Identität innerhalb einer Organisation zum Ausdruck zu bringen (Wells, Thelen en Ruark 2007). Identifiziert sich jemand derart mit seiner oder ihrer Firma, als wäre es sein oder ihr Zuhause, so ist die Neigung zu einer individuellen Arbeitsplatzgestaltung geringer. Aus diversen Untersuchungen geht hervor, dass 80% der Mitarbeiter den Arbeitsplatz individuell gestalten. Weiterhin gilt auch, dass die Zufriedenheit über den physischen Arbeitsplatz, hier also die Gestaltung, einen Anteil von 40% der Mitarbeiterzufriedenheit ausmacht.

Bedürfnis nach Personalisierung

Nicht deutlich wird, ob Menschen zufrieden sind, wenn sie ihren Arbeitsplatz gestalten, oder ob sie aufgrund von Unzufriedenheit ihren Arbeitsplatz gestalten. Tatsache ist, dass es ein Bedürfnis ist. Auch wenn dies nicht gestattet ist, zum Beispiel durch eine Clean Desk-Verordnung, verspüren Menschen dennoch den Drang, dies zu tun.

Die Organisation des Arbeitsplatzes hat zum Ziel, dass die Suche nach Sachen reduziert sowie das Auftreten von Fehlern minimiert wird, kurzum, dass die Anzahl der Ausfälle reduziert wird. Der Kunde muss davon einen Nutzen haben. Wichtig ist ebenso, während der 5S-Phase bei den Mitarbeitern keinen Druck auszuüben, wenn es um Fotos und andere persönliche Dinge geht - solange keine Ausfälle zu befürchten sind.

3.2 Die weitere Entfaltung von 5S nach dem Cleanout

Kurze Abschlusspräsentation

Am Ende des Cleanouts präsentiert jede Gruppe den anderen Gruppen und dem Management die Ergebnisse ihrer Anstrengungen. Diese Kurzpräsentationen sollen höchstens 10 Minuten dauern und auf Folgendes eingehen:

- Welchen Abschnitt haben wir bearbeitet?
- Was haben wir dort vorgefunden (Audit, Fotos)?
- Was haben wir schon gemacht (weggeworfen, umgestellt, verlegt)?
- Welche Verbesserungsvorschläge haben wir?
- Wie werden wir das Erreichte erhalten oder noch weiter verbessern?

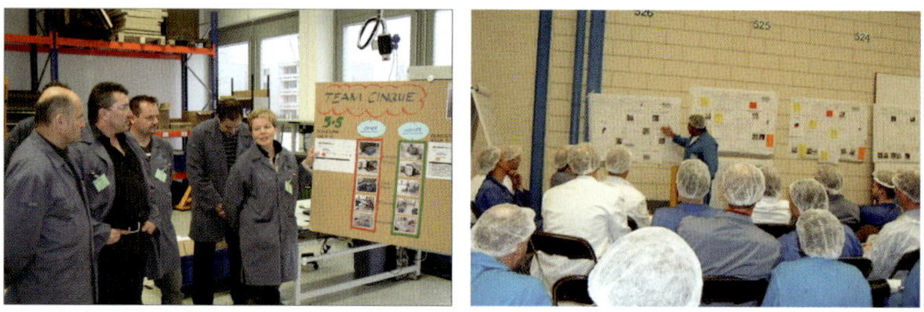

Abbildung 10: Präsentationen am Ende des Cleanouts

Die Teams können für die Endpräsentationen Powerpoint verwenden. Schöner ist es aber, mit großen A0-Papierbögen (vgl. Abbildung 10) oder Pappboards zu arbeiten, auf denen die Ergebnisse dargestellt werden und Fotos geklebt werden. Diese Bögen oder Pappen können von den Gruppen gemeinsam während des Cleanouts nach und nach erstellt werden.

Nach dem Cleanout

Das 5S-Team muss dafür sorgen, dass das Tempo auch nach dem Cleanout erhalten bleibt. Planen Sie gleich nach dem Cleanout eine Sitzung, um die Ergebnisse des Tages zu besprechen und alles mit Anhängern markierte Material nach seiner Priorität zu reihen. Es müssen Maßnahmen definiert und durchgeführt werden mit dem Ziel, das mit Anhängern markierte Material wegzuwerfen. Daneben werden im Laufe des Tages verschiedenste Verbesserungsvorschläge aufkommen, durch die Verluste beseitigt werden könnten. Deren Realisierung ist zwar nicht immer sofort möglich, vielleicht aber in den Wochen nach dem Cleanout. Das 5S-Team koordiniert die Ausführung dieser Verbesserungsideen. Nachdem viele dieser Verbesserungen realisiert wurden, kann wieder ein 5S-Audit stattfinden und eventuell ein neues Cleanout geplant werden. Dabei kommen neue Verbesserungsvorschläge auf, usw. 5S ist dabei als kontinuierlicher Prozess ohne Ende zu verstehen.

Das 5S-Team koordiniert die Maßnahmen nach dem Cleanout

Eine genauere Erklärung der einzelnen S findet sich in den nachfolgenden Kapiteln.

Durchlaufzeit von 5S

Im Prinzip ist 5S ein unaufhörlicher Prozess, bei dem kontinuierlich verbessert wird. Die Messlatte ist der Idealzustand: Verlustfreie Produktion, keine Unfälle und alles Gesuchte innerhalb von 30 Sekunden finden. Innerhalb eines Zeitraums von 6 Monaten kann eine Abteilung durchaus ein gutes Stück weiterkommen. Die Bedingung ist allerdings, dass die Abteilung nicht zu groß ist. Es gelten folgende Faustregeln: Nicht mehr als 30 Mitarbeiter pro Cleanout und eine Fläche von rund 500 m^2 (je nachdem, wie viele Maschinen oder Regale dort stehen). Groß genug, um in den ersten Tagen ein ausreichend sichtbares Ergebnis zu erzielen, aber auch klein genug, dass ein 5S-Team das Cleanout managen und überwachen kann. Zudem kann sichergestellt werden, dass nicht zu oberflächlich aufgeräumt und gesäubert wird. Die Dauer einer 5S-Implementierung hängt auch vom Tempo ab, in dem die Verbesserungsvorschläge und die Anhänger abgearbeitet werden. Wenn es länger als 3 Monate dauert, um 80 % der Vorschläge und Anhänger abzuarbeiten, kann die Aufmerksamkeit abflauen und der Widerstand zunehmen.

3.3 Cleanout im Büro

Der Anfang im Büro: Gemeinsam genutzte Bereiche

Das Programm für ein Cleanout im Büro unterscheidet sich im Grunde nicht viel von dem in einer Produktionsabteilung. Es wird immer mit den Räumen, Schränken und Schreibtischen angefangen, die von mehreren Personen genutzt werden. Diese werden von den Teilnehmern auf eine durchdachte Art nach den 5S-Prinzipien eingerichtet. Im Laufe der Cleanout-Tage wird dann so mancher Teilnehmer auch seinen eigenen Schreibtisch und seine eigenen Schubladen 5S-gerecht ordnen. Regen Sie die Mitarbeiter an, aber zwingen Sie sie nicht dazu.

Abbildung 11: Büro vor und nach dem Cleanout

Schwerpunkte beim Cleanout im Büro:

- Erstellen Sie Regeln für die Archivierung (wie lange müssen bestimmte Dokumente aufbewahrt werden, wie sollen sie im Zentralarchiv hinterlegt werden, geht es auch digital, usw.).
- Ermöglichen Sie es, Dokumente in Papierform sofort zu digitalisieren, indem Sie sie vor Ort scannen und labeln (lassen).
- Achten Sie auf eine gute Mülltrennung. In Büros gibt es oft chemische Abfälle wie Toner und Tinte, aber auch andere Risikoabfälle wie Dokumente mit sensiblen Informationen.
- Achten Sie auf eine gute Abfuhr von vollen Papiercontainern. Bei einem Cleanout im Büro kann tonnenweise Papiermüll anfallen.

- Erklären Sie vorab, dass es bei dem Cleanout zunächst darum geht, die ersten 3 S ganz allgemein abzuarbeiten. So soll verhindert werden, dass jemand während des gesamten Cleanouts nicht weiter kommt, als peinlich genau drei Ordner auszuleuchten. Die Kleinarbeit mit den einzelnen Ordnern kommt später.

Regen Sie die Mitarbeiter zu 5S an, aber zwingen Sie sie nicht dazu!

Clean Desk Policy

Die Anwendung von 5S im Büro wird gelegentlich mit einer Clean Desk Policy gleichgesetzt. „Clean Desk Policy" bedeutet, dass am Ende des Arbeitstages keine Dokumente mehr auf dem Schreibtisch liegen, sondern alles in Ordnern, Schränken und Schubladen verstaut ist. Unternehmen, die sich an die Clean Desk Policy halten, tun dies meist, damit keine Dokumente mit sensiblen Informationen in die falsche Hände gelangen.

Abbildung 12: Schreibtisch vor und nach dem Cleanout

Daneben kann es für den Reinigungsdienst hilfreich sein, damit die Schreibtische besser gereinigt werden können. Das Clean-Desk-Konzept hat nichts mit dem Beseitigen der Verschwendungsarten am Arbeitsplatz zu tun. Einen sauberen Schreibtisch hat man auch dann, wenn man am Ende des Tages einfach alle Papiere zusammenhäuft oder stapelt und in einen Schrank wirft.

Die Clean-Desk-Policy ist kein Hilfsmittel um die Verschwendung am Arbeitsplatz zu reduzieren!

Unternehmen mit einem praktisch papierfreien Büro können dadurch auf den ersten Blick gut organisiert aussehen. Es kann

Digitale Unordnung

auch Vorteile haben, ausschließlich digital zu arbeiten. Wenn das Konzept gut ist, gibt es von jedem Dokument immer nur eine Version, nämlich die aktuelle. Die Praxis eines papierfreien Büros ist aber in der Regel: Kurz vor einer Sitzung herrscht Stau beim Drucker, weil jeder den Bericht und die Tagesordnung in Papierform will. Papierfreies Arbeiten ist sicher nicht die ideale Lösung für den organisierten Büroarbeitsplatz. Physisch kann der Eindruck eines gut organisierten Arbeitsplatzes entstehen, während tatsächlich digitale Unordnung herrscht. Unternehmen, die auf digitales Arbeiten umstellen und dabei vergessen, den digitalen Arbeitsplatz nach den 5S-Prinzipien einzurichten, schaffen sich eine digitale Rumpelkammer mit einer gewaltigen Baumstruktur auf verschiedenen Festplatten, zahllosen Ordnern und Dateien mit unverständlichen Namen, deren Gesamtgröße sich nach einiger Zeit im Terabyte-Bereich (10^{12} Bytes) bewegt.

3.4 Digitales Cleanout

Digitale Abstellkammern

Server und Laufwerke sind digitale Ablagefächer, auf die jeder innerhalb eines Unternehmens zurückgreifen und allerlei abstellen kann. Dort ist alles zu finden, altes und neues, dieselben Dokumente an verschiedenen Plätzen in verschiedenen Ordnern. Benutzer geben den Ordnern und Dokumenten Namen, die ihrer eigenen Logik entsprechen; ihren eigenen Namen, ihre Initialen, ein Datum (welches?, das der ersten Version?) oder die Bezeichnung der Sache, mit der er/sie gerade beschäftigt ist.

Die Zeit, die in Organisationen für die (vergebliche) Suche nach Informationen oder nach dem Urheber der Information verlorengeht, ist kostbar. Angestellte können Fehler machen, wenn sie einen falschen oder alten Ordner öffnen oder verwenden.

25 Dokumente nach Zeit

Am besten sollte man es selbst einmal ausprobieren: Mit einer Stoppuhr die Zeit nehmen, die man für die Suche nach einem Dokument benötigt, und dabei nicht auf die Dokumente zurückgreifen, die man selbst angelegt hat. Das geht nämlich schnell.

Den digitalen Arbeitsplatz kann man mit Hilfe von 5S organisieren. Ein digitaler Cleanout beginnt nicht mit den Angestellten, die hinter ihren PCs ihre eigenen Laufwerke (falls zugänglich) und die gemeinschaftlichen Laufwerke nach Dokumenten durchforsten. Das geht viel zu langsam. Man stelle sich einen Angestellten vor, der für das Öffnen eines Dokuments und die Entscheidung, ob es gelöscht werden kann oder nicht (das erste S), eine Minute benötigt. Wenn die Datei weiterhin existieren darf, muss er ihr einen besseren und standardisierten Namen geben, sowie einen logischen Platz in einem Ordner (das zweite S) zuweisen, was, sagen wir einmal vier Minuten kostet. Dann kann er oder sie an einem Cleanout-Tag pro Stunde ungefähr 12 - 24 Dateien beurteilen, benennen und verschieben. Rechnet man dies auf acht Stunden hoch, so kommen wir auf 100 bis 300 Dokumente und Dateien. Das hört sich jetzt nicht sehr berauschend an, wenn man sich vorstellt, dass ein durchschnittlicher Betriebsangestellter Tausende an Dokumenten hat.

Abbildung 13: Beispielhafter Computerdesktop vor und nach dem digitalen Cleanout

Den digitalen Cleanout sollte man in zwei Phasen unterteilen:

- die Vorbereitungsphase
- der detaillierte Cleanout

A. Die Vorbereitungsphase

Bei diesem Cleanout werden die Dokumente nicht jedes einzeln, sondern auf Basis allgemeiner Maßstäbe wie Alter und Mehrfachgebrauch beurteilt. Dazu sollte ein 5S-Team aus dem Systemverwalter und einer kleinen Gruppe, die sich mit den Dokumenten auskennt, gegründet werden - die so genannten Nutzer. Sie bestimmen die Archivstruktur, die angibt, wie lange welcher Typ Dokument gespeichert bleiben muss. Darin soll angegeben werden, dass Dokumente, die nicht der minimalen gesetzlichen und juristischen Aufbewahrungspflicht unterliegen, und in den letzten zwei Jahren nicht benutzt wurden, automatisch entfernt werden oder auf einem anderen Medium gespeichert werden sollen. Das kann zum Beispiel eine Backup-CD sein, die, um den Server nicht in Beschlag zu nehmen, noch einige Monate aufbewahrt wird.

Darauf wendet das 5S-Team die ersten 2 S an:

Das erste S: Aussortieren

- Mit Hilfe spezieller Programme kann man Dokumente und Dateien nach dem Alter sortieren. Alle Dokumente, die älter als zum Beispiel zwei Jahre sind, gilt es zu entfernen oder davon ein Backup anzufertigen – der digitale Auktionsplatz.
- Danach werden Dokumente mit dem gleichen Name und Alter ausfindig gemacht. Mehrfachnennungen können entfernt werden.
- Software, die nicht gebraucht wird, kann entfernt werden.
- Das mag rigoros erscheinen, aber anders lässt es sich nicht handhaben. Es sei denn, man möchte unmäßig Zeit mit der Beurteilung jedes einzelnen Dokuments verbringen. Auf diese Weise kann in entsprechend kurzer Zeit der Bestand ausgedünnt werden.

Wird die digitale 5S-Aktion nicht sorgfältig vorbereitet, verschwinden Dokumente unauffindbar!

Das zweite S: Ordnen

- Nach dem ersten S, gilt es einen logischen und übersichtlichen Standard zu entwickeln, wie Dokumente und Dateien zu benennen sind. Dabei muss Sorge getragen werden, dass der Nutzer die Logik erfasst, sowie dass die Benennung kurz und eindeutig ist. Auch muss jedes Dokument mit eindeutigen und logischen Eingaben zu finden sein.

- Bestimmen Sie im Team, wie die Ordnerstruktur (Baumstruktur) aussehen soll. Denken Sie gut über dieses Ordnungsprinzip nach. Versuchen Sie, möglichst prozessorientiert zu ordnen, damit die logische Prozessreihenfolge in der Ordnerstruktur klar erkennbar wird.
- Achten Sie darauf, dass häufig benutzte Ordner und Dateien nicht irgendwo in der Tiefe der Baumstruktur versteckt sind. Begrenzen Sie die Anzahl der Ebenen.
- Verschieben Sie Dateien in den richtigen Ordner, der einen logischen Namen hat. Halten Sie die Anzahl der Dateien pro Ordner kleiner als 10 bis 15, um das Suchen zu vereinfachen.
- Verwenden Sie verschiedene Icons (oder Farben) für Ordner, etwa zur Unterscheidung zwischen verschiedenen Dateitypen.

B. Der detaillierte digitale Cleanout

Nun kann mit dem digitalen Cleanout begonnen werden. Alle Angestellten der Abteilung sitzen hinter ihrem PC und machen sich an die Arbeit. Dabei kann es sich um die eigene Festplatte handeln oder um die der Abteilung. Im letzteren Fall soll das 5S-Team ein Schema erstellen, wer welchen Teil des Speichermediums übernimmt. Wichtig dabei ist, dass nur diejenigen, die sich auch damit auskennen, sich mit ihrem Part beschäftigen. Ein tragisches Ende einer schlecht ausgeführten 5S-Aktion wäre, wenn auf dem Abteilungsspeicher wichtige Dokumente gelöscht wurden oder nicht mehr auffindbar sind!

Alle Beteiligten am Cleanout durchlaufen die folgenden 5S-Phasen:

Das erste S: Sortiere aus: Alle Dokumente entfernen, die man nicht mehr braucht

Zwischen nötigen und überflüssigen Dateien unterscheiden. Ordner und Dokumente nach Namen sortieren. Nach dem Namen des Dokuments – ohne es extra zu öffnen – entscheiden, ob es behalten oder entfernt werden kann. Evtl. ein Backup anfertigen – der digitale Auktionsplatz. Während des Cleanout einen für jeden sichtbaren Zähler bereitstellen, damit offenkundig wird, wie viele Dokumente bereits gelöscht wurden.

Digitaler Umzug

Der ideale Zeitpunkt für einen digitalen Cleanout ist gekommen, wenn der Entschluss feststeht, dass nicht mehr über die lokale Festplatte gearbeitet werden soll, sondern nur noch über ein zentrales Speichermedium (Server). Nach dem digitalen Cleanout müssen am Ende des Tages alle Festplatten leer sein und alle noch brauchbaren Dokumente an einen logischen Platz auf der gemeinschaftlichen Festplatte abgelegt worden sein. Nicht vergessen, dass der Zugang zur Festplatte am Ende des Cleanout blockiert wird oder die Nutzer nur noch Leserechte besitzen.

Das zweite S: Systematisieren / Ordnen: Den Dokumenten einen festen logischen Platz geben.

Dokumente, die benötigt werden, bekommen einen logischen Platz in der zuvor festgelegten Ordnerstruktur. Beim Verschieben ist das Dokument neu zu benennen, aber so, wie es in den Vorbereitungen zuvor für die Standardisierung festgelegt wurde. Die Anzahl der Dateien pro Ordner hat zur Erleichterung der Suche kleiner als 10 bis 15 zu sein; es gibt Software für Document Management Systems (kurz: DMS; Dokumente werden dafür mit einem logischen und standardisierten Namen und einer Anzahl zusätzlicher Informationen wie Dokumententyp, (Protokoll, Fotos, Präsentation) und Status (Konzept, in Arbeit oder definitiv) versehen). Dokumente, die gut beschrieben sind, können auch schnell gefunden werden. Durch die Auseinandersetzung mit der Bezeichnung begreift man erst, wie die Suche an sich funktioniert. Das ideale DMS benötigt keine Baumstruktur mehr, weil es eine Suchfunktion wie Google hat, womit alles gefunden werden kann, es sein denn, man ist ontologisch vorgegangen.

Das dritte S: Säubern: Reinigen der Hardware.

Das dritte S ist beim digitalen 5S eine etwas lästige Angelegenheit. Viele digitale 5S-Konzepte übergehen dieses S dann auch einfach. Eine mögliche Alternative für dieses dritte S, ist das Reinigen der Hardware. Hardware wie z.B. die Tastatur (Bakterien), Kabel, Bildschirm und Maus.

Das vierte S: Standardisieren: Zu einer gemeinschaftlichen Arbeitsweise kommen, um den digitalen Arbeitsplatz ausfallfrei zu gestalten.

Der Schlüssel zu einem erfolgreichen, digitalen 5S ist die tägliche Routine: aufräumen, ordnen - und sich an die Prinzipien halten. Deshalb gilt es, Standards für den Gebrauch der digitalen Umgebung zu schaffen. Einige wurden schon beim zweiten S festgelegt, nämlich die Ordnerstruktur und die Form der Namensgebung der Dokumente. Weitere könnten sein:

- Einen Plan festlegen, wie Sauberkeit und Ordnung bestehen bleiben und in welcher Regelmäßigkeit dies erfolgen soll.
- Eine Systematik erstellen, wobei jeder genau bestimmen kann, ob eine Datei nicht korrekt oder unlogisch benannt worden ist und was in diesem Fall geschehen soll.
- Eine Systematik entwerfen, mit der Dokumente aus den Projektordnern beim Abschluss eines Projekts verlegt werden, z.B. in spezifische Unterordner.
- Regeln für den E-Mail-Verkehr (s. Abschnitt 8.3) festlegen.
- Jeden in diese Standards einführen.

Das fünfte S: Selbstdisziplin: Dafür sorgen, dass sich jeder daran hält.

- Den digitalen Arbeitsplatz besprechen.
- Mit visuellen Indikatoren die Wirksamkeit von 5S sichtbar machen. Man denke z.B. an Grafiken mit der Gesamtanzahl aller Dateien, mit der Menge aller Dateien

pro Person, die Menge der Files mit derselben Benennung und einer Pareto-Grafik des Alters der Datei.

- Organisationen erwägen teilweise, persönliche Festplatten (wie das C-Laufwerk) und eine Reihe gemeinschaftlich genutzter Festplatten abzusperren. Der Gedanke dahinter ist der, dass dann jeder gezwungen ist, die zentrale Festplatte mit der dazugehörigen Baumstruktur zu nutzen. Bedenken sollte man jedoch, dass die Speicherung von Informationen wie ein System miteinander kommunizierender Säulen wirkt. Hat man an der einen Seite das Wasser niedergedrückt und schließt ab, erhöht sich das Niveau auf der anderen Seite. Umgangen wird die zentrale Festplatte auch mit unerwünschten Kanälen wie Dossiers in Papierform und selbst USB-Sticks oder anderen Medien. Angebracht ist eine benutzerfreundliche Methode der Speicherung, bei der die Angestellten die Baumstruktur selbst gestalten. Je attraktiver die erwünschte Richtung ist, desto kleiner die Gefahr, dass andere Speichermethoden gewählt werden.

Checkliste für die Vorbereitung des Cleanouts im Büro:

☑ Der Auftragsbrief wurde vom Auftraggeber mit dem 5S-Team besprochen.
☑ Der Abteilungsleiter weiß, was 5S und das Cleanout sind, und kann eine kurze Einführung geben.
☑ Der Raum ist in kleine Abschnitte unterteilt, denen jeweils einige Mitarbeiter zugeteilt sind.
☑ Es gibt ein Cleanout-Programm.
☑ Alle Teilnehmer haben eine Standardeinladung erhalten.
☑ Hilfsmittel für das Cleanout stehen bereit (Putzmaterial, Mülleimer, Eimer, Besen, Anhänger, usw.).
☑ Die derzeitige Situation wurde mithilfe von Fotos und einem 5S-Audit erfasst.

4 Das 1. S = Sortiere aus

Unterscheiden Sie zwischen Benötigtem und Überflüssigem

Unterscheiden Sie zwischen Gegenständen, Werkzeugen, Dokumenten, usw., die notwendig sind und die überflüssig sind. Stellen Sie dabei alles infrage! In kleinen Gruppen räumen die Mitarbeiter den ihnen zugewiesenen Abschnitt auf. Mit kritischem Blick gehen sie die Maschinen, die Räume, die Schränke und deren Inhalt durch. Wird das herumliegende Material benötigt oder ist es überflüssig? Verwenden Sie dazu das Entscheidungsmodell aus Abbildung 14. Alles, was sie als überflüssig identifizieren, kann weggeworfen, verkauft oder einer anderen Abteilung angeboten werden. Im Zweifelsfall werden die Gegenstände an einen Sammelplatz gebracht und können später gemeinsam besprochen werden. An Wänden oder am Boden befestigte Gegenstände, die überflüssig sind oder zur Diskussion stehen und nicht auf den Sammelplatz (vgl. Abbildung 17) gebracht werden können, bekommen einen 5S-Aufkleber oder 5S-Anhänger, das so genannte Red Tag. Diesen, in Abbildung 15 dargestellten Anhänger, kann jeder anbringen, der einen Gegenstand infrage stellen will. Derartig markiertes Material steht – genauso wie das Material auf dem Sammelplatz – zur Diskussion, wird aber noch nicht automatisch weggeworfen.

Stellen Sie alles infrage

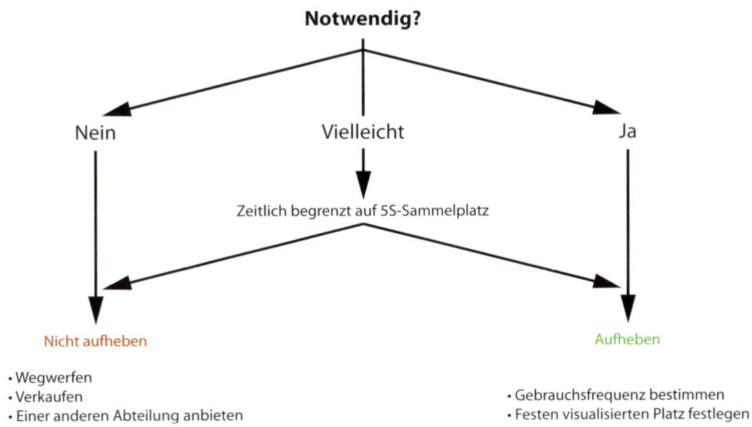

Abbildung 14: Entscheidungsmodell für S 1

Nicht zu vorsichtig vorgehen

Gehen Sie nicht zu vorsichtig ans Werk. Nehmen Sie nicht nur die überflüssigen Sachen aus einem Schrank oder Lager, sondern

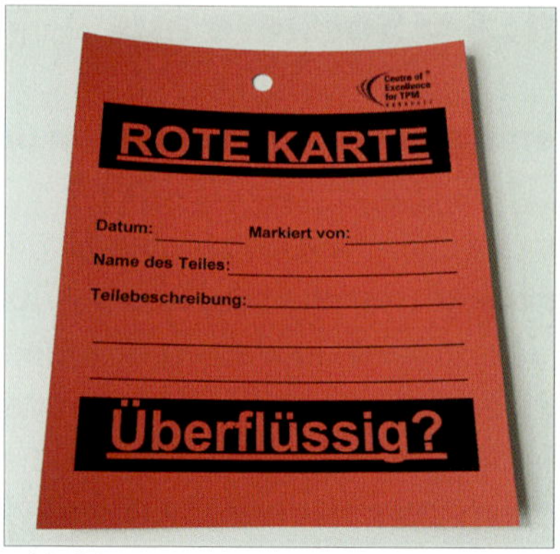

Abbildung 15: Rote Karte

räumen Sie alles aus und stellen es inklusive dem Schrank zur Diskussion. Brauchen wir das? Wenn nein, weg damit! Im Zweifelsfall aus der Abteilung entfernen. Mögliches Ergebnis: Der Schrank ist nach dem Cleanout nur noch zur Hälfte gefüllt oder bleibt sogar leer und kann ganz entfernt werden. Halbvolle Schränke sind nach ein paar Monaten wieder voll, deshalb ist es besser, den nach dem Cleanout übrig bleibenden Schrankraum drastisch zu begrenzen. Je weniger Lagerraum, desto weniger Material wird unnötig aufbewahrt. Der verfügbare Lagerraum muss genau passen.

Die Betreuer des Cleanouts haben die Aufgabe, Hilfsmittel bereitzustellen (5S-Aufkleber, Anhänger, die 5S-Auditlisten, ...) und zu erklären, wie diese funktionieren. Daneben erfüllt das 5S-Team die wichtige Aufgabe, die Mitarbeiter zu motivieren, dass sie nicht zu vorsichtig vorgehen. Die Betreuer gehen beim Cleanout durch die Abteilung und kommen mit den Teilnehmern ins

Abbildung 16: Was wird benötigt, was ist überflüssig?

Gespräch. Sie stellen Fragen wie: „Wann verwendest du dieses Werkzeug?", „Musst du manchmal nach Dokumenten oder Akten suchen?", „Wozu verwendest du dieses Zubehörteil und ist das dann ein praktischer Aufbewahrungsort?". So fangen die Teilnehmer selbst an, kritisch über ihren Arbeitsplatz nachzudenken. Am Anfang zweifeln sie noch und man muss ihnen auf die Sprünge helfen. Das ist eine wichtige Funktion der Betreuer. Ein eigens geschulter 5S-Vermittler (oder TPM/Lean-Vermittler) oder ein externer Berater betreut zusammen mit den Mitgliedern des 5S-Teams das Cleanout. Besonders anregend wirkt die Anwesenheit des Abteilungsleiters (und seines Vorgesetzten!), der sofort die Ärmel hochkrempelt und motiviert ans Werk geht.

Sichern Sie Maschinen, um Unfälle beim Cleanout zu vermeiden!

Abbildung 17: 5S-Sammelplatz

Alles frei herumliegende Material, von dem nicht klar ist, ob es im betreffenden Bereich benötigt wird, kommt auf einen „Sammelplatz". Am Ende dieser Phase beurteilt die Gruppe alle Materialien, die auf diesem Sammelplatz liegen, auf ihren Nutzen. Die Materialien werden entweder endgültig weggeworfen bzw. weggegeben oder kommen in die nächste Runde: S 2 – Systematisieren.

5S-Sammelplatz

Als Sammelplatz kann ein geeigneter Raum in der Abteilung aber auch ein zentraler Raum oder eine freie Fläche des Unternehmens dienen. In diesem Raum bzw. auf dem Sammelplatz gilt eine maximale Lagerungsfrist. Liegt ein Gegenstand hier zu lange, dann braucht ihn offensichtlich niemand und er kann entsorgt werden.

Eines der Mitglieder des 5S-Teams oder der 5S-Vermittler leitet den Sammelplatz. Er hält auf einer Sammelliste fest, welche Gegenstände das Team als notwendig erachtet und welches Teammitglied dafür sorgen wird, dass diese kurzfristig einen visualisierten Platz erhalten. Diejenigen Gegenstände die als nicht

mehr notwendig eingestuft werden, werden unmittelbar entsorgt, bzw. anderen Abteilungen zur Verwendung angeboten.

Werfen Sie alles, was weggeworfen werden soll, noch am gleichen Tag weg!

Finger weg von meinen Sachen!

Private Bereiche

Beim idealen Cleanout wird alles auf den Kopf gestellt. Alle Schränke, Schubladen, Rollcontainer und Räume werden geleert und der Inhalt wird beurteilt. Es gibt allerdings Dinge, die die Mitarbeiter als „privat" betrachten, zum Beispiel eine bestimmte Schreibtischlade oder den eigenen Werkzeugkasten. Die Emotionen können hochgehen, wenn andere sich einmischen und behaupten, dass vieles davon überflüssig ist. Als Betreuer eines Cleanouts können Sie ruhig ein wenig herausfordernd sein, aber gehen Sie nicht zu weit. Beurteilen Sie bei jedem Schritt von 5S: Reduziere ich damit das Unfallrisiko, gehen dadurch die krankheitsbedingten Arbeitsausfälle zurück, reduziere ich Verluste? Aufräumen ist nicht Selbstzweck, sondern soll die Effizienz des Unternehmens erhöhen. Der 5S-Betreuer stellt Fragen und suggeriert, aber der Mitarbeiter entscheidet letztendlich selbst. Konzentrieren Sie sich auf die gemeinschaftlich benutzten Gegenstände und Räume: Maschinen, Böden, Batterieladestationen, Lagerräume und gemeinschaftlich benutzte Schränke und Schreibtische.

Gehen Sie bei privaten Bereichen nicht zu weit – konzentrieren Sie sich auf gemeinschaftlich benutzte Gegenstände und Räume!

Checkliste für S 1:

☑ Die Maschinen sind so gesichert, dass sie während des Cleanouts nicht anlaufen können.

☑ Es wurde klar und deutlich ein Sammelplatz definiert, auf dem alle überflüssigen Materialien liegen.

☑ Von allen Gegenständen, die man als notwendig erachtet, wird auf der Sammelliste festgehalten, wo sie ihren festen Platz haben und wer dafür verantwortlich ist.

☑ Standards wie die Regeln für die Archivierung oder Mülltrennung wurden vorbereitet und werden eingehalten.

☑ Alle Schränke, Werkzeugkästen und dergleichen werden komplett geleert, damit beurteilt werden kann, was notwendig und was überflüssig ist.

☑ Der Abteilungsmanager (und sein Vorgesetzter) beteiligen sich aktiv am Cleanout.

5 Das 2. S = Systematisieren

Alles hat seinen festen Platz und eine festgelegte Menge.
Ziel von S 2 ist es, die Arbeitsplätze so einzurichten, dass sicher und effizient gearbeitet werden kann, wodurch optimale Produktivität ermöglicht wird. Das heißt, dass es keine Verschwendung durch das Suchen und Holen von Material gibt und dass keine Unfälle passieren, weil Material an der falschen Stelle liegt. Ermitteln Sie von den Materialien, die S 1 überlebt haben, wo und wie oft sie verwendet werden. Je häufiger Materialien oder Dokumente verwendet werden, desto näher am Arbeitsplatz sollte ihr fester und visualisierter Platz sein. Täglich verwendete Gegenstände werden nahe am Arbeitsplatz gelagert, bei wöchentlicher Verwendung kommen sie etwas weiter weg und bei monatlicher Verwendung werden sie an einem zentralen Ort in der Abteilung gelagert. Legen Sie vorab den 5S-Radius fest, um das Verhältnis zwischen Gebrauchshäufigkeit und Distanz zum Arbeitsplatz zu bestimmen.

Die Verwendungshäufigkeit bestimmt die Anordnung

30-Sekunden-Regel

S 2 strebt vor allem nach dem Erreichen der 30-Sekunden-Regel:

- höchstens 30 Sekunden zum Suchen von Gegenständen oder Informationen;
- höchstens 30 Sekunden zum Ablegen von Gegenständen oder Informationen am richtigen Ort.

Visualisieren

Wenn Sie in einem Supermarkt stehen und nach dem Joghurt suchen, dann sind der Weg zu diesem Produkt und der Standort des Produktes so logisch gewählt, dass Sie es innerhalb von 30 Sekunden finden sollten. Große Displays, eine Ordnung nach dem Verzehrzeitpunkt (Frühstück, Mittagessen, Abendessen, etc.) oder nach Produktgruppen (Milchprodukte, Gemüse, Gebäck,…) und unterschiedliche Farben helfen dem Kunden, schnell das gewünschte Produkt zu finden. Dasselbe gilt für Ihre Abteilungen und Lagerräume. Lagern Sie Material auf eine logische Weise und verwenden Sie Farben, Linien und Displays, um die Suche zu vereinfachen. Gestalten Sie den Arbeitsplatz visuell, sodass alle Benutzer das Benötigte auf einen Blick sehen, nehmen und zurücklegen können. Ein visueller Arbeitsplatz ist ein sich selbst ordnender, erklärender, regulierender und verbessernder Arbeitsplatz. Auf diesem Arbeitsplatz tut jeder immer genau das, was er tun soll – und das immer rechtzeitig.[3]

Lagern Sie Material auf eine logische Weise und verwenden Sie Farben, Linien und Displays, um die Suche zu vereinfachen!

3 Galsworth, G. D.: Visual Workplace, Visual Thinking, Visual-Lean Enterprise Press 2001

Visualisierungsbeispiele

Beispiele für die Visualisierung von festen Plätzen sind:

- Schattenbretter – Bretter, auf denen Werkzeug hängt, dessen Umrisse auf dem Brett abgebildet sind, damit sofort sichtbar ist, wenn ein Teil fehlt (siehe Abbildung 18).
- Ein folienverschweißtes Foto vom Inhalt auf den Boden von Regalbrettern oder Behältern kleben – so wird auf einen Blick deutlich, was hier liegen muss (siehe Abbildung 19).

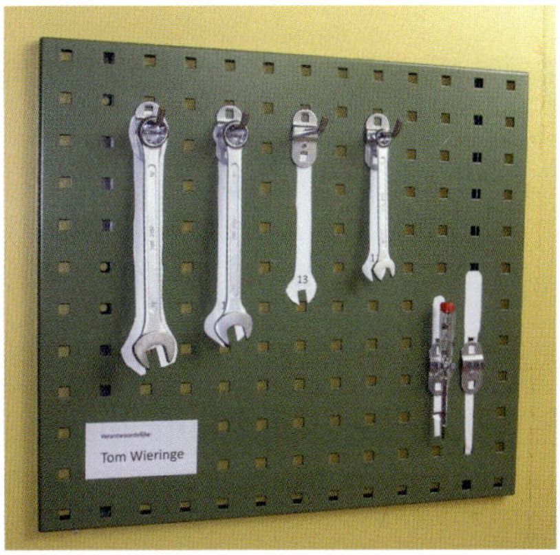

Abbildung 18: Schattenbrett

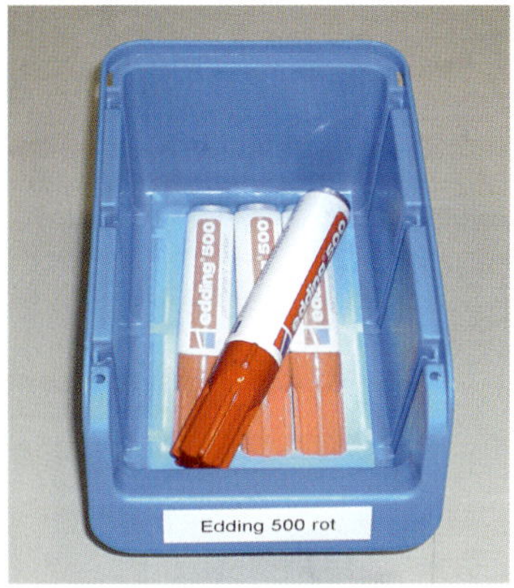

Abbildung 19: Visualisierung von Büromaterial

- Schränke und Regale visualisieren – vereinfachen Sie das Suchen in Schränken und Regalen, die neu eingerichtet wurden, indem Sie Schilder an den Brettern anbringen und Behälter in verschiedenen Farben verwenden.
- Linien und Felder am Boden – verdeutlichen Sie mit Linien und Feldern am Boden, wo der feste Platz der Mülleimer, der Putzmaschine oder der Palette mit dem Verpackungsmaterial ist. Geben Sie auch die Gehwege der Mitarbeiter mit Linien und Feldern vor, um Unfälle mit Gabelstaplern zu vermeiden. Verwenden Sie zunächst leicht zu entfernendes Linienmaterial, damit später noch Änderungen möglich sind. Beachten Sie, dass es internationale Standards gibt, die bestimmen, welche Linienfarbe in welcher Situation zu verwenden ist.
- Arbeiten Sie mit Farben – Aktenordner sind schwer zu finden, weil sie keinen logischen Platz haben oder nicht gut visualisiert sind. Etikettieren Sie Ordner in verschie-

denen Farben, die mit den unterschiedlichen Themen der Ordner korrespondieren.

- Ein schräger Streifen wie in Abbildung 20, der über eine Reihe von Ordnern gezogen wird, sorgt dafür, dass die Ordner in der richtigen Reihenfolge stehen bleiben und macht auf einen Blick deutlich, welcher Ordner gerade fehlt.

Sorgen Sie dafür, dass es auf einen Blick ersichtlich wird, wenn die Situation vom Soll-Zustand abweicht (zum Beispiel weil etwas fehlt).

Abbildung 20: Visualisierung einer Ordnerreihe

Effektives Visualisieren ist nur möglich, wenn Sie den Prozess verstehen!

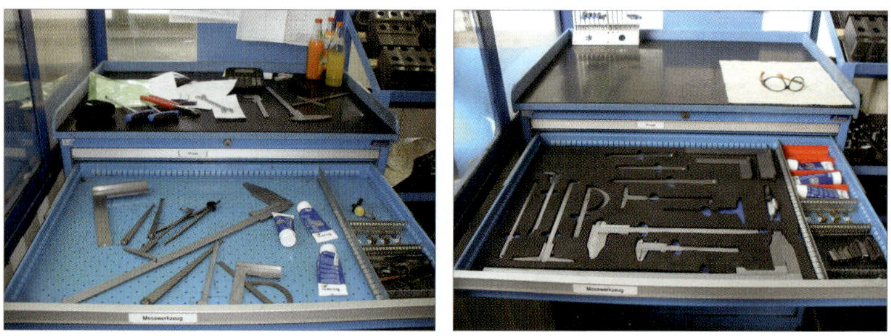

Abbildung 21: Schublade eines Werkzeugschranks vorher und nachher (KSB AG Pegnitz)

Werkzeug zentral oder dezentral lagern

Es erscheint auf den ersten Blick praktisch, ein zentrales, schön visualisiertes Schattenbrett für alle Werkzeuge der Fertigungseinheit aufzustellen. Tatsächlich kann das aber oft ungünstig sein, weil die Benutzer dadurch wieder viel laufen müssen, um Werkzeug vom Brett zu nehmen und wieder zurückzulegen. Die

6. Verschwendungsart heißt Transport. Wahrscheinlich wurde das Schattenbrett erfunden, um Werkzeug möglichst praktisch zu lagern, indem es gruppiert an einem zentralen Platz hängt. Zum Beseitigen von Verschwendung kann es jedoch vernünftiger sein, Werkzeug dort zu lagern, wo es verwendet wird. Wenn an ein und derselben Stelle jeden Tag 12 M6-Muttern gelöst und wieder angezogen werden müssen, dann sollte das dafür benötigte Werkzeug in Griffnähe von diesen Muttern hängen. Es kann schon sein, dass dann mehr Werkzeug desselben Typs benötigt wird, aber oft übersteigt der Nutzen die Kosten.

Werkzeuge in Griffnähe

Der Idealzustand: Gar kein Werkzeug

Werkzeuge überflüssig machen

Das Führen eines Schattenbrettes kann manchmal viel Arbeit sein. Man sieht zwar auf einen Blick, welches Werkzeug fehlt, weiß aber deshalb noch nicht, wo es liegt. Die ultimative Alternative für das Schattenbrett ist es, Werkzeuge überflüssig zu machen. Werkzeuge können überflüssig gemacht werden, indem alternative Befestigungsmittel verwendet werden, etwa Schnellverschlüsse statt Schrauben und Muttern. Eine andere Variante ist das Befestigen des Werkzeugs am Befestigungsmaterial.

Archivieren Sie nur einmal und nur an einem Ort

Kein persönliches Archiv

Mitarbeiter, die im gleichen Raum arbeiten und zu denselben Sitzungen gehen, bekommen dieselben Sitzungsberichte. Jeder druckt sie für sich aus und legt sie in seinem persönlichen Archiv ab. Im gleichen Raum wird an mehreren Orten derselbe Bericht archiviert. Schaffen Sie einen festen Ort, an dem solche Berichte für jeden erreichbar abgelegt werden.

Lagerbestand und Zwischenvorrat

Keine Bestände

Zu große Zwischenvorräte (auch Bestände) sind ein Zeichen für fehlendes Gleichgewicht in der Fertigung. Reduzieren Sie diese Vorräte auf ein Minimum, indem Sie möglichst viel in die Abteilungen zurückbringen, die diese Sachen geliefert haben. Visualisieren Sie den kleinen Zwischenvorrat, der übrig bleibt. Wenn höchstens 2 Paletten mit Verpackungsmaterial neben einer Maschine stehen dürfen, dann bringen Sie Bodenlinien in der Größe von 2 Palettenplätzen an.

Kanban

Kanban-Karten als Signal

Das oben genannte Beispiel kann mithilfe eines Kanban-Systems noch weiter ausgearbeitet werden. Kanban (japanisch für Kärtchen oder Aushängeschild, Beispielkarte in Abbildung 23) ist ein Nachschubsystem, das genutzt wird, um zu garantieren, dass in der Aufeinanderfolge von vorhergehenden und nachfolgenden Prozessen immer Teile, Halbfabrikate oder Verpackungsmaterialien verfügbar sind. Wenn im oben genannten Beispiel die erste der zwei Paletten leer ist, nimmt der Produktionsmitarbeiter der Verpackungsmaschine die andere Palette und schickt gleichzeitig ein Kanban-Kärtchen zum Lager oder der vorgelagerten Maschine im Prozess. Dieses Kärtchen ist für das Lager ein Signal, um eine volle Palette zur Maschine zu bringen und die leere Palette wieder zurückzunehmen. Der (firmeninterne) Kunde bestimmt, wann Arbeitsvorräte aufgefüllt werden müssen. Das Lager wiederum kann auch mit Kanbans arbeiten. Angenommen der Mindestvorrat pro Typ Verpackungsmaterial soll 2 Tage, der Höchstvorrat 7 Tagen betragen. Der Lieferant des Verpackungsmaterials hat eine Lieferzeit von 1 Tag. In diesem Fall schickt das Lager ein Kanban-Kärtchen an den Lieferanten, sobald es noch Material für 3 Tage hat. Das Kanban-Kärtchen kann dann genauso gut ein Fax oder eine E-Mail sein. Dadurch bestimmt nicht das Planungssystem oder das MRP (Material Requirement Planning), dass bestellt werden muss, sondern der Lagermitarbeiter. Dieser sieht wie beispielsweise in Abbildung 22 mit seinen eigenen

Abbildung 22: Kanban-Board

Augen, wie groß der Vorrat am entsprechenden Material ist und wann nachbestellt bzw. nachproduziert werden muss.

Kanban im Café
Ein einfaches Beispiel des Kanban-Systems spielt sich in einem Café ab. Ein Kunde hat einen Riesendurst und will ständig mit seinem geliebten Getränk versorgt werden, ohne immer wieder bestellen zu müssen. Er hat mit dem Barmann eine Liefervereinbarung: Auf der Theke stehen zwei volle Gläser. Sobald er eines davon ausgetrunken hat, tauscht er es gegen das zweite aus. Das leere Glas auf der Theke ist für den Barmann das Signal, dass der Kunde Nachschub braucht. So bestimmt der Kunde das Tempo der Lieferung. Bei Tempoänderungen entstehen keine großen Vorräte und auch keine vorübergehenden Mängel.

Zu große Zwischenvorräte sind ein Zeichen für fehlendes Gleichgewicht in der Fertigung. Verkleinern Sie mithilfe von Kanban-Systemen die (Zwischen-)Vorräte. Das ist oft auch kostensparend.

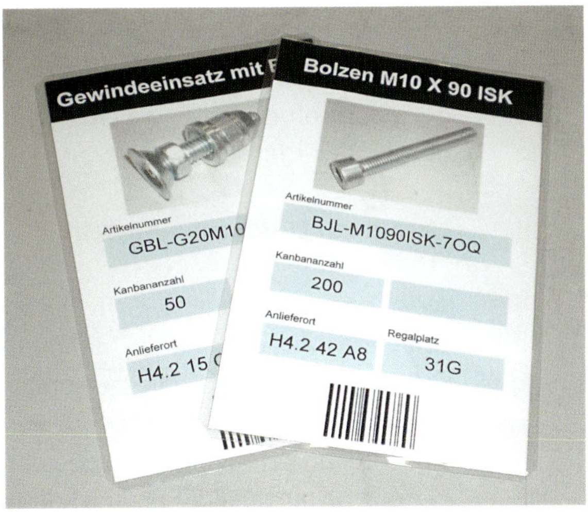

Abbildung 23: Kanban-Karten

Kanban funktioniert auch im Büro

Auch im Büro kann man Kanbans verwenden, zum Beispiel indem man einen Schrank mit Bürobedarf wie ein Lager gestaltet. Verwenden Sie für jeden Büroartikel zwei Behälter. Sobald der vordere Behälter leer ist, tauschen Sie ihn gegen den (vollen) hinteren. Der leere Behälter ist dann das Signal dafür, dass wieder Büromaterial nachgekauft werden muss, das in diesen Behälter gehört.

> ***Lagerplätze sollten so klein wie möglich sein. Je größer sie sind, desto mehr wird auch gelagert!***

Verwandtschaft mit SMED

5S und Rüsten

5S ist eng verwandt mit der Verbesserungsmethode SMED: Single Minute Exchange of Die (Werkzeugwechsel im einstelligen Minutenbereich). SMED ist auf das Verkürzen von Wartezeiten, etwa durch Werkzeugwechsel, Produktwechsel oder Reinigung, ausgerichtet. Die Methode strebt danach, Maschinen „umrüstfreundlich" zu gestalten, aber auch das Anpassen der Umgebung an den Rüstvorgang ist ein Ziel. So sollen zum Beispiel bei einem Rüstvorgang alle Werkzeuge sofort zur Hand sein und Wechselteile einen festen Platz haben. Oft wird zu diesem Zweck ein Rüstwagen eingerichtet, auf dem alle Wechselteile und Werkzeuge hängen und der zum Zeitpunkt des Rüstbeginns an der Maschine steht. Manche Maschinen haben für jeden Rüstvorgang ein anderes Set an Wechselteilen und -werkzeugen. Eine 5S-Lösung für die SMED-Methode ist die Verwendung verschiedener Farben für die verschiedenen Wechselteile und -werkzeuge, damit sofort klar ist, welche Teile für welchen Rüstvorgang benötigt werden.

Layout zur Diskussion gestellt

Wenn beim Cleanout der Schwerpunkt auf der Beseitigung von Verlusten liegt und die Mitarbeiter ihren Arbeitsplatz mit kritischem Blick durch ihre persönliche Verlust-Brille betrachten, kann auch das ganze Layout der Fertigungslinie oder der Abteilung zur Diskussion gestellt werden. Es können zum Beispiel Distanzen zur Sprache kommen, die sehr häufig zu Fuß zurückgelegt werden müssen. Dabei geht es nicht nur um den Standort eines Schranks oder eines Werkzeugbrettes, sondern beispielsweise auch um unpraktische Positionen von Maschinenbedienpulten, wodurch Produktionsmitarbeiter ständig einige Schritte zwischen dem Einfuhrschacht der Halbfabrikate oder Verpackungsmaterialien und dem Bedienpult hin und her gehen müssen. Die Zeit, die das kostet, kann manchmal gerade ein bisschen zu lang sein, um eine Störung oder eine Blockierung zu verhindern. Produktionsmitarbeiter, die in einer Fertigungslinie mehrere Maschinen gleichzeitig bedienen müssen, könnten als Verbesserungsidee vorschlagen, die Fertigung U-förmig anzulegen. Der Produktionsmitarbeiter befindet sich dann in der Mitte dieser U-Zelle wodurch Laufdistanzen zwischen den einzelnen Maschinen reduziert werden und er schneller eingreifen kann.

Spaghetti-Diagramm

Ein Spaghetti-Diagramm ist ein praktisches Instrument, um die von den Mitarbeitern zurückgelegten Distanzen (etwa für Produktwechsel) visuell darzustellen. Zeichnen Sie wie in Abbildung 24 einen Plan von der Maschine und der Umgebung und markieren Sie mit einem Stift den Weg, den ein Produktionsmitarbeiter zurücklegt. Ein Spaghetti-Diagramm können Sie auch in einer Bürosituation verwenden. Verfolgen Sie den Weg, den eine Kundenbestellung oder eine Beschwerde vom Kunden durch das Gebäude und wieder zurück durchläuft. Abbildung 24 zeigt ein Spaghetti-Diagramm, das im Rahmen eines Workshops an einer Abfüllstation aufgenommen wurde.

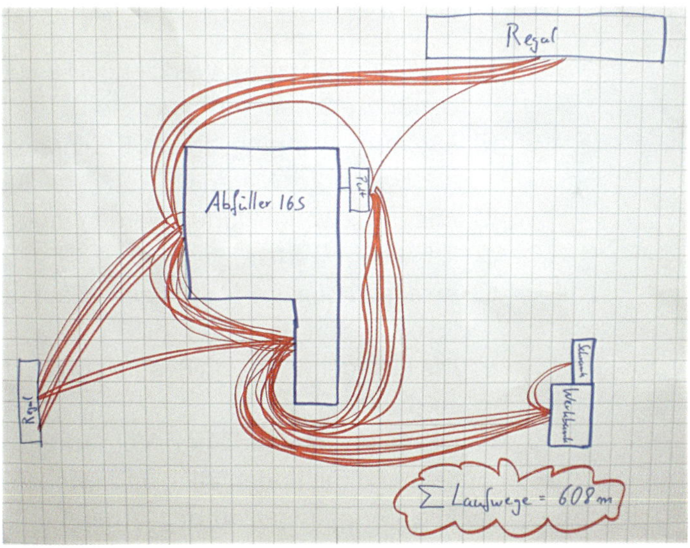

Abbildung 24: Spaghetti-Diagramm (Workshop-Beispiel)

Spezialistenarbeitsplätze einrichten

Viele Menschen arbeiten an einem festen Ort und holen sich die Arbeit an ihren eigenen Schreibtisch. Eine andere Variante ist, dass eine bestimmte Arbeit einen festen Ort hat und der Mitarbeiter dorthin geht. Ein Teil eines Büros wird so eingerichtet und standardisiert, dass alles bereitliegt, um eingehende Arbeiten sofort zu erledigen. Dadurch muss der Arbeitsplatz nicht mehr verändert werden, wenn der Mitarbeiter andere Arbeit bekommt. Wenn die Arbeit dann erledigt wurde, muss weniger oder gar nicht mehr aufgeräumt werden. Das spart Zeit, die man sonst zum Suchen von Material und Zurücklegen von Wegen benötigt.

Ideen in Verbesserungsvorschläge einarbeiten

Meistens können diese Ideen nicht beim Cleanout umgesetzt werden, aber möglicherweise in den Wochen danach. Die Mitarbeiter arbeiten solche Ideen zu Verbesserungsvorschlägen aus (siehe Anlage E). Darin skizzieren sie die derzeitige und die gewünschte Situation. Eventuell kann eine Kosten-Nutzen-Analyse angefertigt werden. Die Verbesserungsvorschläge werden dann vom 5S-Team behandelt. Weiteres dazu findet sich im Kapitel 8: „S 5 – Selbstdisziplin".

Checkliste für S 2:

- ☑ Die festen Plätze für Werkzeuge, Dokumente und andere benötigte Dinge sind visualisiert.
- ☑ Alle Aufbewahrungsorte (z. B. Schränke) enthalten nur wirklich benötigtes Material.
- ☑ Alles, was weggeworfen werden muss, wurde auch tatsächlich weggeworfen.
- ☑ An allen visualisierten Plätzen ist auf den ersten Blick ersichtlich, was dort passieren soll.
- ☑ Die Einlageböden von Regalen und Schränken sind gekennzeichnet.
- ☑ Die Wege von Produkten, Verpackungsmaterial und Mitarbeitern sind mit Bodenlinien und -pfeilen visualisiert.
- ☑ Alle 5S-Anhänger wurden behandelt.

6 Das 3. S = Sauber machen

Säubern = Inspizieren

Reinigen ist Prüfen

Säubern ist wichtig, um den Arbeitsplatz etwa für Kundenbesuche gut aussehen zu lassen. Im Sinne von 5S hat Säubern den Zweck, dass dabei allerlei Abweichungen erkannt werden können. Ein Motorradfahrer wird sein Motorrad bevorzugt selbst reinigen, weil er dabei Haarrisse, Öllecks und dergleichen entdecken und Schlimmeres verhindern kann. Störungen sind die sichtbare Spitze des Eisbergs. Unter der Oberfläche verbergen sich verschiedenste Ursachen wie Schmutz, Wartungsrückstände, Risse, lose Schrauben, losgerüttelte Komponenten und Öllecks, die nach einiger Zeit eine sichtbare Störung verursachen können. Beim Säubern bemerken die Teilnehmer diese kleinen Mängel bereits und markieren sie mit Anhängern. In diesem Sinne ist das Säubern eine Form der Inspektion und macht die Sprache der Maschine sichtbar.

Die Reinigung an externe Firmen auszulagern, bedeutet auch, Störungsquellen nicht zu entdecken!

Kurzstopps

Störungen wird im Allgemeinen viel Aufmerksamkeit geschenkt, sowohl von Technikern als auch von Produktionsmitarbeitern

Kurzstopps kosten in Summe viel Produktionszeit

bzw. bei größeren Störungen vom Management. Aber bei jeder Maschine kommt es neben tatsächlichen Störungen auch zu allerlei kurzen Störungen und kleinen Aussetzern. Ein Kleinteil wird im Inneren der Maschine eingeklemmt, eine Flasche fällt auf dem Förderband um oder Verpackungsfolie reißt ein. Diese Stillstände dauern nicht länger als 5 Minuten und werden vom Produktionsmitarbeiter selbst behoben. Doch Kurzstopps bekommen nicht die Aufmerksamkeit, die sie verdienen und werden oft nicht einmal registriert. Einzeln betrachtet dauern diese Stopps nicht sehr lange, treten aber sehr oft auf. Die Summe der verlorenen Zeit durch diese Stopps ist dadurch oft größer als die verlorene Zeit aller großen Störungen zusammen. Die durchschnittliche Zeit zwischen zwei Kurzstopps – die MTBA (Mean Time Between Assists) – beträgt bei manchen Maschinen nur 3 Minuten. Das bedeutet, dass es alle 3 Minuten einen Kurzstopp gibt, bei dem der Produktionsmitarbeiter korrigierend eingreifen muss. Wenn ein Mitarbeiter dies den ganzen Tag macht, fühlt sich das an, als müsste er 8 Stunden am Stück mit dem Auto durch die Stadt fahren und alle 3 Minuten vor einer roten Ampel anhalten. Das wirkt sehr ermüdend.

Farbige Anhänger

Wenn es relativ viele Störungen und Kurzstopps gibt, ist schon viel erreicht, indem man alles gründlich reinigt und ausstehende Wartungen erkennt und durchführt. Wenn ein Mitarbeiter beim Säubern eine unsichere Stelle erkennt, eine Verschmutzungs-

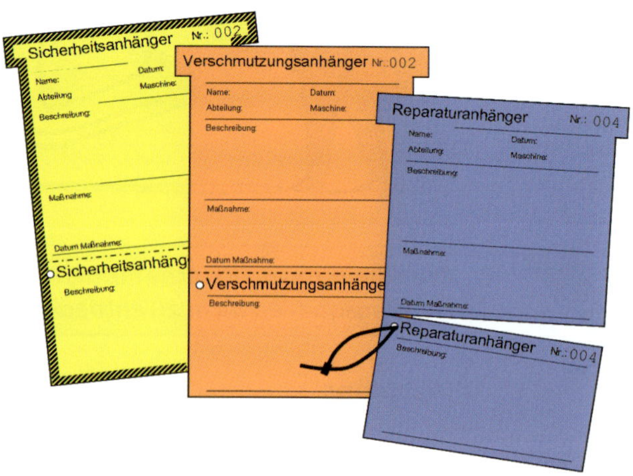

Abbildung 25: Sicherheits-, Verschmutzungs- und Reparaturanhänger

Farbige Anhänger

quelle entdeckt oder Wartungsrückstände bemerkt, schreibt er dies auf einen entsprechenden Anhänger (vgl. Abbildung 25) und befestigt einen Teil des Anhängers mit einem Kabelbinder an der Maschine.

Provisorische Dauerlösungen

Techniker reparieren bei Zeitmangel manchmal nur behelfsmäßig. Diese provisorischen Reparaturen (vgl. Abbildung 26) werden leider oft zur Dauereinrichtung und können Störungen und Unfälle verursachen. Verwenden Sie Reparaturanhänger, wenn Sie auf derartige Bastelarbeiten stoßen.

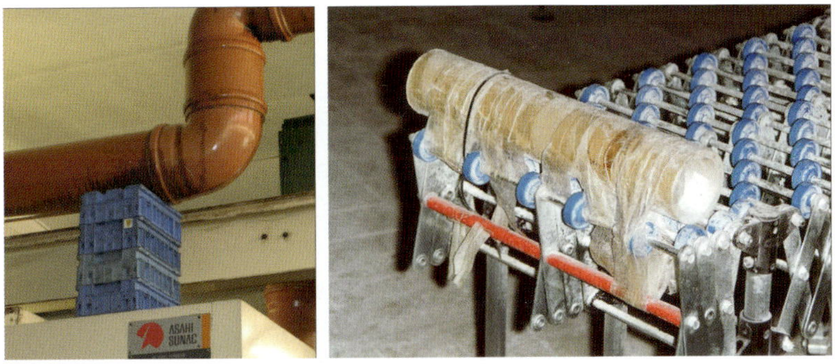

Abbildung 26: Provisorische Reparaturarbeiten

Die Mitglieder des 5S-Teams sammeln die anderen Teile der Anhänger und ordnen sie nach ihrer Priorität. Sie erstellen einen Plan, wonach innerhalb eines bestimmten Zeitraums 90 % der Anhänger abgearbeitet sein müssen. Abbildung 27 zeigt eine regelmäßig aktualisierte Grafik in die die Anzahl der gesammelten 5S-Anhänger eingetragen wird. Jeder kann aus der Grafik ent-

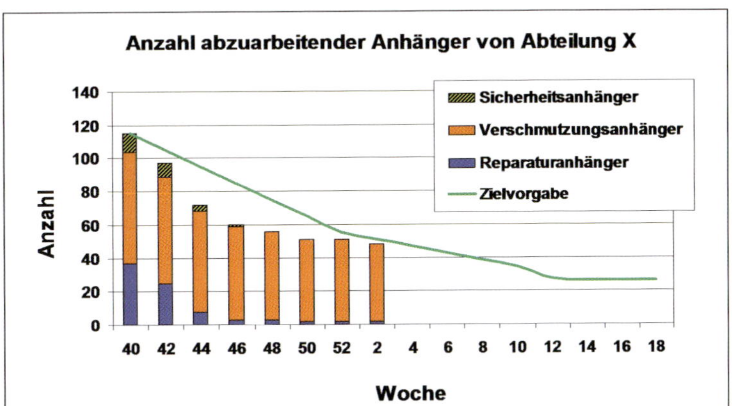

Abbildung 27: Grafik mit Zielvorgabe und Status der Abarbeitung der 5S-Anhänger einer Abteilung

nehmen, dass seine Anstrengungen auch tatsächlich zu weiteren Schritten führen. Natürlich können mit 5S nicht alle Störungsquellen und Stillstände behoben werden. Der Rest muss gut analysiert werden, um die Ursachen zu finden und zu beseitigen.

Autonome Instandhaltung

In der TPM-Philosophie sollen Produktionsmitarbeiter das Gefühl bekommen, Eigentümer der Maschinen zu sein, mit denen sie arbeiten. Das kann erreicht werden, indem man ihnen nicht nur erklärt, welchen Knopf sie drücken müssen, sondern sie in den Prinzipien und den Funktion der Maschinen schult. Daneben bekommen die Produktionsmitarbeiter eine Rolle in der primären Instandhaltung der Maschinen zugeteilt. Dazu gehören Tätigkeiten wie das Schmieren, Reinigen, Inspizieren und das sogenannte Bolting (Nachziehen sich lösender Muttern). So erfüllen Produktionsmitarbeiter eine Rolle in der Instandhaltung der Maschinen, wodurch die Lebensdauer verlängert und die Effizienz der Maschine erhöht wird. Mehr über die autonome Instandhaltung: *Tajiri und Gotoh;* ***Autonomous Maintenance in Seven Steps*** sowie in *May und Schimek;* ***Total Productive Management***.

Die autonome Instandhaltung startet wie bei 5S, mit dem Cleanout. Während des Cleanouts wird aufgeräumt, geputzt und Anhänger angebracht (wie beim dritten S von 5S). Experten sind unterschiedlicher Meinung über die Verwendung von Anhängern bei S 3 sowie über die Verbindung von 5S mit der autonomen Instandhaltung. Man kann argumentieren, dass 5S eine Methode ist, um den Arbeitsplatz rund um die Maschine herum zu organisieren. Mit der autonomen Instandhaltung hingegen geht man schon auf die Maschine selbst ein. Allerdings ist zu beachten, dass die Umgebung der Maschine meist nicht getrennt von der Maschine selbst betrachtet werden kann. Ein wichtiger Punkt ist auch, dass durch die Verwendung von Anhängern bei der autonomen Instandhaltung den Verschmutzungsquellen Aufmerksamkeit geschenkt wird. In diesem Sinne wurde die Verwendung der Anhänger (die ursprünglich aus dem Konzept der autonomen Instandhaltung stammen), in S 3 aufgenommen.

Säubern im Büro

Ein sauberes Büro ist sehr wichtig. Es gibt nachweislich einen starken Zusammenhang mit dem Zustand des Arbeitsumfeldes im Büro und den krankheitsbedingten Ausfällen. Im Büro bedeutet das dritte S allerdings nicht, dass die Büromitarbeiter selbst jeden Tag wischen und saugen müssen. Die Böden, Schreibtische und Fenster können von einer Reinigungsfirma geputzt werden. Ihnen kann man die Aufgabe aber erleichtern, indem man schräge Platten auf der Oberseite von Schränken montiert. So kann dort nichts abgelegt werden und kann sich auch kein Schmutz darauf ablagern. Benutzen Sie nach Möglichkeit Schränke ohne Füße. So bleibt es auch unter dem Schrank sauber.

Säubern im Büro?

Das dritte S im Büro bedeutet vielmehr regelmäßiges Saubermachen und Aufräumen von Schränken, Rollcontainern und Schreibtischschubladen. Diese Orte werden schließlich nicht von der Reinigungsfirma betreut. Der größte Nutzen beim Aufräumen und Saubermachen von Schubladen und Schränken ist das Entdecken von Abweichungen: Vergessene Aktionspunkte, schlecht oder gar falsch abgelegte Dokumente, usw. Auch hier gilt: Säubern = Inspizieren!

6.1 Der Idealzustand: Gar nicht mehr säubern

Die meisten Menschen haben keine besondere Liebe zum Putzen. Im Prinzip ist Säubern einer der 7 Verschwendungsarten, nämlich Wartezeit. Während eine Maschine gereinigt wird, kann sie nicht produzieren. Eines der Prinzipien von 5S lautet: Sorgen Sie dafür, dass das Säubern (oder eigentlich Sauberhalten) auf ein Minimum begrenzt wird. Der Idealzustand ist reinigungsfrei.

Auch Reinigen ist Verschwendung

Wenn eine Maschine nicht verschmutzt wird, muss sie auch nicht gereinigt werden. Das Beseitigen von Verschmutzungsquellen reduziert die Reinigungszeit. Suchen Sie nach Lösungen gegen Verschmutzungen. Beachten Sie dabei folgende Reihenfolge:

- Analysieren Sie, warum es zu Verschmutzungen kommt, und suchen Sie nach Möglichkeiten, die Verschmutzungsquelle zu beseitigen, zum Beispiel durch das Abdichten eines Lecks. Nutzen Sie für diese Analyse die

5xWarum-Technik: Fragen Sie so lange nach dem Warum, bis die Ursache gefunden wurde (vgl. dazu: May, Schimek: TPM. Grundlagen und Einführung von TPM, S. 94 f.).

- Wenn es nicht gelingt, die Quelle der Verschmutzung zu beseitigen, führen Sie den Schmutz einer zentralen Sammelstelle zu, damit die Entfernung einfacher wird.
- Suchen Sie nach Möglichkeiten, um während der Produktion schnell und automatisch zu säubern. Denken Sie etwa an Systeme, die den Schmutz in eine bestimmte Richtung blasen, oder an Maschinen, die während Stillstandszeiten automatisch gespült werden.

Maschinen anpassen

- Vereinfachen Sie das Säubern, indem Sie die Maschine so aufstellen oder anpassen, dass der Mitarbeiter beim Reinigen alle Stellen gut erreicht. Oft müssen sie sich in enge Zwischenräume zwängen, um bestimmte kritische Stellen reinigen zu können. Die Praxis zeigt, dass Maschinenhersteller ihre Geräte für eine gute Produktion optimieren. Die schnelle und einfache Reinigung wird hingegen nur wenig beachtet. Dasselbe gilt für die Umgebung der Maschine. Es kommt oft vor, dass der Wasserablauf viel zu weit von den Verschmutzungsquellen entfernt liegt (und manchmal sogar etwas über dem Bodenniveau liegt).

Das Ideal ist: nie wieder putzen!

Schmutz sichtbar machen

Schmutz muss gut sichtbar sein. Es soll sofort auffallen, wenn irgendwo Schmutz entsteht. Streichen Sie eventuell die Maschine in einer helleren Farbe, damit der Schmutz noch besser auffällt: Eine weiße Abfüllmaschine für Tomatenketchup. Die Hersteller von Fertigungsanlagen verstecken Verschmutzungsquellen von Maschinen oft hinter Metallplatten. Dadurch sind Schmierfett und Schmutz von außen nicht sichtbar. Bringen Sie, wie beispielsweise in Abbildung 28 dargestellt, transparente Schutzplatten und Abdeckungen vor Getrieben und anderen verschmutzungsanfälligen Maschinenteilen an, damit der Schmutz sofort sichtbar wird. Dadurch kann gegebenenfalls schnell gehandelt werden.

Abbildung 28: Transparente Abdeckung

Sauber halten

Das Reinigen muss standardisiert werden

Um zu vermeiden, dass die Reinigung beim Cleanout eine einmalige Aktion bleibt, dessen Ergebnis nach ein paar Wochen nicht mehr erkennbar ist, muss die regelmäßige Reinigung standardisiert werden. Ein sauberer Arbeitsplatz lädt dazu ein, ihn auch sauber zu halten. Möglichkeiten dafür sind fixe Reinigungsstunden, aber auch Reinigungspläne können hilfreich sein: Wer reinigt was wann und womit? S 4, die Standardisierung, bietet Möglichkeiten dafür.

Checkliste für S 3:

- ☑ Alle Arbeitsplätze sind blitzsauber.
- ☑ Alle Anhänger wurden gesammelt und sortiert.
- ☑ Die Mitarbeiter der Abteilung bestimmen, wie realistisch die einzelnen Verbesserungsvorschläge sind und priorisieren diese.
- ☑ Mindestens 80 % aller Anhänger sind innerhalb der vereinbarten Frist zur Zufriedenheit abgearbeitet.
- ☑ Am Ende des Cleanouts sind die Arbeitsplätze wieder in einem produktionsfähigen Zustand.

7 Das 4. S = Standardisieren

Standardisieren bedeutet, eine gemeinsam vereinbarte Arbeitsweise zu einem Standard zu machen. Standards dienen dazu, Verhalten zu beeinflussen. Durch eine Vereinbarung über die Arbeitsweise will der Urheber des Standards sicherstellen, dass sich jeder der neuen Arbeitsweise anpasst und auf die vorgeschriebene Weise arbeitet.

Ebenso wie bei S 3 gibt es auch bei S 4 unterschiedliche Ansichten darüber, wie groß das Terrain für die Standardisierung nach 5S ist. Ursprünglich war das vierte S dazu bestimmt, die ersten drei S zu standardisieren, nicht aber die Prozesse. Damit würde S 4 darauf beschränkt bleiben, die Punkte Sortieren, Systematisieren und Säubern mithilfe von Reinigungsstandards und der dauerhaften Einrichtung eines Sammelplatzes für überflüssiges Material aufrechtzuerhalten. S 5 (Selbstdisziplin) ist dann die Gewährleistung dieser Standards. Dieser Gedankengang ist die logische Folge einer Haltung, die 5S als Verbesserungsmethode für die Organisation des Arbeitsplatzes rund um die Maschine herum sieht. In diesem Buch wird die Standardisierung nach 5S umfassender gesehen. Maschine und Umgebung bilden im Rahmen von 5S eine Einheit. Die Umgebung hat Einfluss auf die Maschine und umgekehrt. Abteilungen, in denen Maschinen stehen, müssen klar festlegen, ob es um den Bereich rund um die Maschinen oder um die Maschinen selbst geht. 5S kann neben der Produktionsabteilung auch in einer Verwaltungsumgebung oder einem Lager erfolgreich eingesetzt werden. Hier kann man jedoch nicht so leicht zwischen dem Prozess selbst und dem Rundherum unterscheiden. ***Das Ziel von S 4 (Standardisieren) ist zweigliedrig:***

Verbesserungen absichern

- Verbesserungen erhalten: Die Standardisierung verleiht den ersten drei S Beständigkeit. Das bisher Erreichte wird damit gefestigt. Ein Standard verhindert somit, dass die durch 5S erreichten Verbesserungen wieder geschwächt werden. Es ist frustrierend, wenn die Ergebnisse von Verbesserungen nach einiger Zeit abklingen, weil immer mehr Personen die Vereinbarungen nicht mehr anwenden oder noch gar nicht kennen. Bei der Standardisierung sollen diese Vereinbarungen festgehalten werden, sodass jeder Zugang dazu hat.

- Den Prozess unter Kontrolle bekommen, indem alles auf Anhieb richtig gemacht wird. Für alle Arbeiten in einer Abteilung gibt es eine „Best Practice", eine beste Arbeitsweise. Bei der Standardisierung soll diese Best Practice zum Standard werden. Ein Standard kann eine Arbeitsanweisung sein, eine Standard Operating Procedure (SOP), es gibt aber auch Standards ohne Text. Mehr dazu folgt noch in diesem Kapitel.

Die jeweils beste Arbeitsweise ist Standard

Vorteile der Standardisierung sind:

- Sie halten die beste, schlaueste und schnellste Arbeitsweise fest.
- Sie halten Wissen fest, das als Schulungshilfsmittel verwendet werden kann.
- Mithilfe von Standards kann eine neue Arbeitsweise besser an andere Mitarbeiter weitergegeben werden.
- In letzter Konsequenz können Fehler, Unfälle und Verluste vermieden werden.

Auf die gewöhnliche Darstellung, dass ein Standard wie ein Bremskeil wirkt, der verhindert, dass das bisher Erreichte wieder auf ein niedrigeres Niveau zurückrollt, wurde bewusst verzichtet. 5S muss vielmehr als Prozess betrachtet werden, der niemals zum Stehen kommt. In folgender Abbildung erkennt man, dass permanent Energie aufgewendet muss, um das Rad auf einem Niveau zu halten bzw. um es weiter nach oben zu schieben. Ein einmal gesetzter Standard wird ohne weiteres Bemühen nicht ausreichen um einen erreichten Stand zu halten, also wie ein Keil zu wirken. Nur die kontinuierliche Aufwendung von Energie – sei es für die Umsetzung weiterer Verbesserungen, das Weiterentwickeln der Standards oder auch die Gewährleistung der Standards – ermöglicht einen Stand zu halten und macht somit die Umsetzung von 5S nachhaltig.

Sichern

Mindestens so wichtig wie die Festlegung einer vereinbarten Arbeitsweise als Standard, ist die Vereinbarung, sich daran zu halten. Standardisierung und Vereinbarung sind voneinander nicht zu trennen. Ein Standard, der die Sicherung des selbigen nicht zum Thema macht, führt in eine Sackgasse. Ein Beispiel hierfür sind Ordner mit Verfahrensweisen und Arbeitsinstruktionen, die in der Qualitätsabteilung rumstehen und von niemandem eingesehen werden.

Gewährleistung der Standards

Wie wichtig und intensiv die Einhaltung der Abmachungen ist, hängt von der Reichweite und Bedeutung der entsprechenden Sicherheitsvorkehrungen ab. Kann eine Abweichung vom Standard zum Tod führen, ist die Anweisung zu 100% einzuhalten. Unsichere Alternativen können nicht zugelassen werden. Auch andere Faktoren spielen eine Rolle. Zum Beispiel, dass sich im Schichtdienst jede Schicht an den einen Standard hält und nicht ihren eigenen entwickelt. Die Vereinbarung differiert auch, wenn flexible Arbeitskräfte (oft Zeitarbeiter) ins Spiel kommen, und zudem noch verschiedene Sprachen gesprochen werden.

Es gibt Menschen, die Standardisierung und Sicherheitsvorschriften als enges Korsett, das keine Bewegungsfreiheit zulässt, ansehen. Ein Grund dafür wird darin gesehen, dass man doch mehr oder weniger dazu gezwungen wird, die eigene Arbeitsweise abzustellen und auf eine andere Art und Weise zu arbeiten. Dagegen spricht, dass ein guter Standard das Ergebnis gemeinschaftlicher Überlegungen ist. Ziel ist ein gemeinschaftlicher Akt zur Freisetzung der Möglichkeiten der Angestellten. Durch Tätigkeiten, die in bewährter Reihenfolge ausgeführt werden, können Unfälle, Fehler und Pannen vermieden werden. Daran haben alle Arbeitskräfte ein Interesse. Wenn über jeden Handgriff nicht mehr nachgedacht werden muss und die Anweisungen gut durchdacht sind, kann sich auf anderes konzentriert werden, z.B. auf die Analyse von Störfällen oder auf Verbesserungsmöglichkeiten. Japaner nennen das Shuhari. In der shu-Phase wird am Standard gefeilt, in der ha-Phase wird der Standard angewendet und einstudiert. Die ri-Phase ist die Phase der Meisterschaft, die sich dadurch auszeichnet, dass man weiß, wann man notwendigerweise vom Standard abweichen muss.

Ri – der wahre Meister weiß, wann er vom Standard abweichen muss!

Es gibt Menschen, die Standards und deren Gewährleistung als unangenehme Einschränkung betrachten, die ihnen kaum Bewegungsspielraum übrig lässt. Im Grunde werden sie dazu gezwungen, ihre eigene Alternative über Bord zu werfen und eine andere Arbeitsweise zu übernehmen. Dieses Problem wird relativiert, indem man gute Standards gemeinsam schafft. Es wird danach gestrebt, aus den Best Practices aller Mitarbeiter einen gemeinsamen Standard zu machen. Indem Tätigkeiten immer auf dieselbe bewährte Art und Weise ausgeführt werden, können Unfälle, Fehler und Störungen vermieden werden. Das ist im Interesse aller Mitarbeiter. Wenn man nicht mehr bei jedem Schritt nachdenken muss, sondern sich an einen gut durchdachten Standard halten kann, hat man mehr Zeit, sich anderen, interessanteren Dinge zu widmen, etwa der Störungsanalyse und der Entwicklung von Verbesserungsmöglichkeiten.

Schaffen Sie Standards zusammen mit Ihren Mitarbeitern um Akzeptanz dafür zu schaffen!

Bewusstes und unbewusstes Handeln

Vor- und Nachteile des „Autopiloten"

Wissenschaftler haben nachgewiesen, dass mindestens 95 % unseres Handelns unbewusst und „automatisch" erfolgt. Ein großer Teil unserer Aktivitäten wird vom „Autopiloten" gesteuert. Beim Radfahren denken wir nicht ständig darüber nach, mit welchem Fuß wir als nächstes auf die Pedale drücken müssen. Aber auch Tätigkeiten wie das Lesen der E-Mails, Sitzungen, das Nachfüllen von Verbrauchsmaterialien und alle möglichen anderen alltäglichen Aufgaben werden automatisch gesteuert. Studien haben nachgewiesen, dass Aktivitäten, die wir mindestens einmal in der Woche durchführen, nach einiger Zeit unbewusst erledigt werden. Wir denken gar nicht mehr oder kaum noch bewusst darüber nach! Zum Glück, denn so können wir viele Dinge gleichzeitig erledigen, zum Beispiel schreiben und telefonieren.

Alte Verhaltensmuster

Das hat aber auch Nachteile. Hat sich eine Arbeitsweise einmal in das Gehirn „eingebrannt", kann sie nur noch mit Mühe abgeändert werden. Sie können versuchen, Mitarbeitern mit Postern, Memos, Arbeitsanweisungen und Lehrfilmen bewusst zu machen, welche Gefahren oder Nachteile eine bestimmte Art der automatischen Erledigung einer Aufgabe birgt, und bessere Alternativen vorschlagen. Dennoch bleibt die Wahrscheinlichkeit hoch, dass sie wieder in das alte, gewohnte Verhaltensmuster zurückfallen. Selbst wenn Sie jemanden mit einer guten Diskussi-

Abbildung 29: Standard oder bequemer Weg?

on vom Nutzen einer neuen Arbeitsweise überzeugen, reicht das oft nicht aus, um seine Routine zu durchbrechen. Wenn Mitarbeiter Standards als Einschränkung und „Hindernis" betrachten, erschwert dies zusätzlich die Einhaltung der Standards. Die Mitarbeiter neigen dazu, neben ihrem gewohnten und eingeschliffenen Weg auch den einfachsten zu gehen. Das Foto auf Seite 91 verdeutlicht diesen Punkt. Statt sich an den Standard zu halten, also auf dem Weg zu bleiben und durch die Schranke zu gehen, wählt ein Großteil den bequemeren und einfacheren Weg um die Schranke herum, auch wenn dieser nicht dem Standard entspricht.

Eine Möglichkeit, um den neuen Standard dennoch durchzusetzen, ist es, jeden Mitarbeiter einzuweisen, die Einhaltung anschließend monatelang zu kontrollieren und bei Abweichungen gleich einzugreifen. Nach einiger Zeit haben sich praktisch alle eingewöhnt und das neue Verhalten automatisiert. Dieser Weg ist aber mühsam und anstrengend. In diesem Kapitel werden andere Varianten besprochen, um mit Standards das Verhalten zu verändern.

7.1 Die Schwäche von Arbeits- und Verfahrensanweisungen

Nachteile von Arbeitsanweisungen in Textform

Beim Wort Standardisierung denken die meisten Menschen an Verfahrens- und Arbeitsanweisungen. Es herrscht ein großes Vertrauen in die Kraft von schriftlichen Vereinbarungen. Manche Menschen gehen davon aus, dass ein Standard durch seine schriftliche Festlegung auch funktionieren wird. Schriftliche Standards geben aber nur scheinbare Sicherheit. Die Textform ist die schwächste Form der Gewährleistung von Standards. Die Wahrscheinlichkeit, dass der Text nicht gelesen, geschweige denn verinnerlicht wird, ist erheblich. Außerdem ist es mühsam und zeitraubend, die Regeln in den Handbüchern, aber auch in den Köpfen aller Beteiligten, aktuell zu halten. Je mehr gelesen werden muss, desto geringer ist die Wahrscheinlichkeit, dass dies auch passiert. Die meisten Menschen werden ehrlich zugeben, dass sie die Bedienungsanleitung ihres DVD-Players nicht vollständig (oder überhaupt nicht) gelesen haben. Oder denken Sie an Ihr Auto! Text wird höchstens überflogen, auf der Suche nach Bildern oder Wörtern, die die Aufmerksamkeit des Lesers einnehmen. Meistens probieren wir einfach aus. Wenn wir dann eine funktionierende Methode gefunden haben, merken wir sie uns.

Eine schriftliche Arbeitsanweisung oder eine schriftliche Verfahrensanweisung ist die schwächste Form der Standardisierung!

Hinzu kommt, dass bei vielen Anweisungen ein größerer Kontrollapparat am Leben erhalten werden muss, damit überprüft werden kann, ob die Verfahren eingehalten werden. Viel Zeit geht dafür verloren, den Papierkram aktuell zu halten. Sorgen Sie dafür, dass neue und bessere Arbeitsmethoden einfacher auszuführen sind als die alten Alternativen. Wenn das nicht gelingt, versuchen Sie die unerwünschten Alternativen auszuschalten.

Entscheidungstheorie

Man könnte annehmen, dass Menschen, die gut über etwas nachgedacht haben, sich rational für die beste Variante entscheiden, um eine bestimmte Aufgabe zu erledigen. Die Entscheidungstheorie des Wissenschaftlers Herbert Simon stellt dem den Begriff der *limitierten Rationalität* (*bounded rationality*) entgegen. Menschen sind nur in begrenztem Maße in der Lage, rational zu handeln. Seiner Theorie zufolge entscheidet nicht die Summe der stärksten Argumente darüber, wie wir etwas tun, sondern eine Kombination einiger guter Argumente mit dem *Bauchgefühl* des Entscheidenden. Interessant ist, dass andere Wissenschaftler nachgewiesen haben, dass Menschen beim Kauf eines einfachen Esstisches für 300 Euro viel rationaler entscheiden als beim Kauf eines Autos für 30.000 Euro. Das Auto ist zu komplex, es müssen zu viele Überlegungen angestellt werden. Wir sind ganz einfach zu dumm dafür. Es gibt auch Menschen, die als Entscheidungsstrategie das *Satisficing* heranziehen. Sie wählen aus einer Reihe sich ergebender Möglichkeiten einfach die erste Möglichkeit, die ihnen auf Basis eines oberflächlichen rationalen Checks gut genug erscheint, aber hauptsächlich gefühlsmäßig. Die anderen Alternativen werden nicht einmal angesehen.
Wissenschaftler sagen, dass das menschliche Handeln zu 95 % unbewusst ist und auch beim bewussten Teil nur unter

Vorbehalt von Rationalität gesprochen werden kann. Dennoch treffen Mitarbeiter täglich Entscheidungen, die sich auf die Produktivität aber auch auf ihre Sicherheit auswirken. Die Garantie, dass Menschen unbewusst dennoch die sicherste, produktivste oder einfach beste Art wählen, ist nur dann gegeben, wenn man ihnen keine andere Wahl lässt. Es kann nur die erwünschte Möglichkeit gewählt werden, am besten automatisch.

Es gibt viel bessere Gewährleistungsmaßnahmen als Anweisungen in Schriftform. Anhand der Gewährleistungspyramide (auch Standardisierungsdreieck) werden im Folgenden die vier Ebenen der Gewährleistungsmaßnahmen erklärt.

7.2 Die Gewährleistungspyramide

Adressat einer Standardisierung ist nicht der Urheber, sondern die anderen Mitarbeiter. Stellen Sie sich beim Standardisieren die Frage, wessen Verhalten Sie in welcher Situation beeinflussen wollen. Wenn Sie einen Standard für Produktionsmitarbeiter entwickeln müssen, die diesen dann bei einem Produktwechsel an einer Fertigungsanlage anwenden sollen (eine Frage von wenigen Minuten), dann suchen Sie eine Standardisierungsform, die für den Benutzer sofort verfügbar ist und bei der auf einen Blick klar ist, was verlangt wird.

Möglichkeitsvielfalt schafft Fehler, Standards schaffen Raum!

Ideale Standards

- haben wenig oder gar keinen Text, sondern werden visuell mit Abbildungen und Fotos vermittelt. Diese ziehen die Aufmerksamkeit auf sich;
- erklären sofort, was verlangt wird und schließen unterschiedliche Interpretationen aus;
- nehmen Rücksicht auf die Welt und die Sprache des Benutzers. Die besten Standards werden von den Personen geschaffen, die mit diesen Standards arbeiten werden;

- brauchen nie gesucht oder in einem Ordner nachgeschlagen zu werden, sondern sind unmittelbar verfügbar;
- sind wartungsfrei und erfordern keine Versionsverwaltung;
- kennen keine Sprachbarrieren;
- sind ohne Alternativen, denn diese wurden unmöglich gemacht;
- sind besser, sicherer und schneller als alle bekannten Alternativen. Dann werden die Benutzer gerne ihre unvollkommenen Standards dagegen eintauschen;
- sind unsichtbar, aber funktionieren. Sie lenken das Handeln unbewusst in die richtige Richtung.

Gewährleistungspyramide

Eine treffsichere Standardisierungsmethode kann mithilfe der Gewährleistungspyramide entwickelt werden.[4] Fangen Sie an der Spitze der Pyramide an: Ist es möglich, ein Failsafe (ein absolut zuverlässiges System) zu entwickeln? Wenn nicht, dann suchen Sie nach Möglichkeiten, visuelle Steuerungsmittel zu verwenden, usw. Beachten Sie, dass die schwächste Variante der

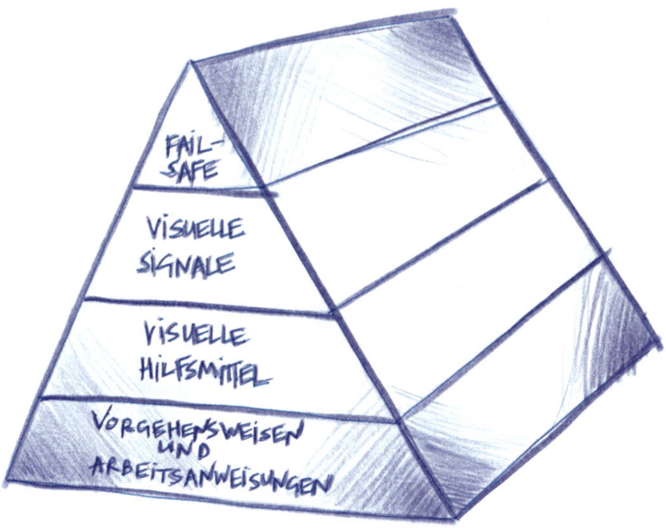

Abbildung 30: Gewährleistungspyramide

4 Frei nach De Groot, M.; Teeuwen, B.; Tielemans, M.: KVP im Team. Zielgerichtete betriebliche Verbesserungen mit Small Group Activity (SGA), CETPM Publishing 2008

Gewährleistung das Verfahren oder die Anweisung ist. Je weiter man sich auf der Pyramide nach unten bewegt, desto geringer ist die Sicherheit, dass die Gewährleistung gelingt und desto höher ist der Kontrollbedarf. Die unteren Ebenen der Pyramide erfordern auch immer mehr Zeit für die ständige Aktualisierung des Standards und die Kontrolle seiner Einhaltung.

Die vier Ebenen in näherer Betrachtung

Ebene 1: Das Failsafe

Failsafes: Alternativen sind unmöglich

Die Gewährleistung von Standards mit Failsafes bietet die höchste Sicherheitsgarantie. Ein Failsafe ist eine Gewährleistungsmethode, die für den Handelnden nur eine Möglichkeit lässt, nämlich die beste. Alternativen wurden unmöglich gemacht. Manager mit einem bestimmten Menschenbild nennen diese Form der Gewährleistung „idiotensicher".

So kann man etwa einen Bahnübergang noch so gut standardisieren, um zu gewährleisten, dass beim Herannahen des Zuges keine Menschen auf den Schienen stehen, es kann trotzdem immer etwas schief gehen. Eine Bahnunterführung jedoch wäre ein Failsafe. Die Wahrscheinlichkeit, dass dann trotzdem noch jemand im falschen Moment auf den Schienen steht, ist zu vernachlässigen.

Natürlich bestimmen die möglichen Folgen einer Abweichung vom Standard, welche Gewährleistungsmethode die beste ist. Wenn eine Abweichung von der Standardarbeitsweise einen Unfall zur Folge haben kann, ist ein Failsafe die passendste Lösung. Aber denken Sie auch bei Abweichungen mit geringfügigen Folgen darüber nach, ob es nicht eine Failsafe-Lösung gibt. Failsafes sind oft sehr einfach, billig und zielsicher. Arbeiten Sie sich in der Pyramide deshalb immer von oben nach unten.

Beispiele für Failsafes:

- Stecker sind so gestaltet, dass sie nur auf eine Art eingesteckt werden können.

- Umrüstungsteile, die zuvor auf verschiedene Arten in die Maschine eingebaut werden konnten, sind mit Nocken versehen, wodurch sie nur in einer bestimmten Stellung in die Maschine passen.
- Eine bestimmte Maschine kann nur gestartet werden, indem man zwei Knöpfe gleichzeitig drückt, einen mit der linken Hand, den anderen mit der rechten Hand. So ist es unmöglich, mit den Händen zwischen die rotierenden Teile zu kommen.
- Werkzeug wird an einem Bolzen festgeschweißt, damit es immer an der richtigen Stelle bleibt und nicht mehr verloren geht.
- Knöpfe auf Bedienpulten werden blockiert oder auch entfernt, um unnötiges Bedienen dieser Knöpfe zu verhindern.

Defensive Design

In Verwaltungsprozessen sind Failsafes meist in die Software eingearbeitet. Hier spricht man vom so genannten Defensive Design. Beispiele für Failsafes in Verwaltungsprozessen sind:

- Pflichtfelder bei Formularen (werden sie nicht ausgefüllt, kommt man nicht weiter oder wird gewarnt, vgl. Abbildung 31).
- Die Verwaltungssoftware gibt die Reihenfolge der Schritte vor. Das System ist so gestaltet, dass der Benutzer automatisch durch die verschiedenen Menüs geleitet wird. Man spricht von Workflow-Software.

Abbildung 31: Failsafe-Warnung in einem Mail-Programm

Failsafes sind nicht immer möglich und manchmal auch zu teuer. Auf den tieferen Ebenen der Gewährleistungspyramide finden wir andere Formen der Standardisierung.

Post-Vollendungsfehler
Wenn Menschen Aufgaben erledigen, konzentrieren sie sich auf die Hauptaufgabe. Tanken ist zum Beispiel eine Hauptaufgabe, während das Aufschrauben des Tankdeckels eine Nebenaufgabe ist. Das Geldabheben ist eine Hauptaufgabe, die Karte wieder aus dem Geldautomaten ziehen ist eine Nebenaufgabe. Diese Nebenhandlungen werden gelegentlich vergessen, besonders wenn sie zeitlich nach der Hauptaufgabe durchgeführt werden. Solche Fehler sind häufig, auch in der Arbeit (zum Beispiel beim E-Mail-Schreiben den Anhang vergessen). Diesen menschlichen Zug nennt man „Post-Vollendungsfehler". In den oben genannten Praxisbeispielen können diese Fehler durch Failsafes vermieden werden. Der Tankdeckel ist oft mit dem Auto verbunden, damit man ihn nicht mehr an der Zapfsäule liegen lassen kann. Beim Geldautomaten bekommt man sein Geld erst, nachdem man die Karte herausgezogen hat.

Ebene 2: Visuelle Steuerungsmittel

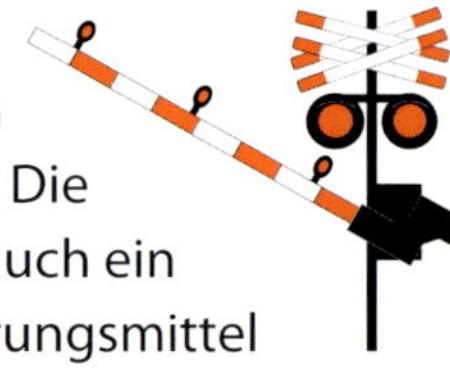

Visuelle Steuerungsmittel beeinflussen das Verhalten, indem sie Signale abgeben, wenn es Abweichungen gibt oder zu geben droht. Die Signale können visuell sein, es könnte aber auch ein Geruch, Wärme oder ein Geräusch als Steuerungsmittel dienen. Wenn wir beim Beispiel des Bahnübergangs bleiben, sind die visuellen Steuerungsmittel die blinkenden Ampeln, während das Geräusch die beim Schließen der Schranke läutende Glocke ist. Man muss schon in Gedanken versunken sein, um die abweichende Situation (das Herannahen des Zuges) nicht zu bemerken.

Der Zweck von visuellen Steuerungsmitteln ist sofort klar

Visuelle Steuerungsmittel benötigen wenig oder gar keine Erklärung. Ihr Zweck ist auf einen Blick klar. Es gibt aber keine hundertprozentige Garantie, dass die unerwünschte Situation nicht eintritt. Es sind immer noch Situationen denkbar, in denen Unfälle auf einem Bahnübergang passieren können, trotz der Schranken. In Produktionsräumen, die voller Blinklichter und brüllender Sirenen sind, könnte der Effekt dieser Steuerungsmittel umgekehrt sein: Es fällt auf, wenn alle Blinklichter und Sirenen ausgehen. In Bürogebäuden wird oft Feueralarm ausgelöst; die Mitarbeiter bleiben aber alle sitzen, denn es gab schon so häufig falschen Alarm, dass man ihn inzwischen ignoriert. Auch die Zeit, die zwischen dem Auftreten einer Abweichung und dem Bemerken des Steuerungssignals vergeht, darf nicht zu lang sein. Wenn das Feedback zu lange auf sich warten lässt, wird das Steuerungsmittel geschwächt.

Zu viele Sirenen und Lichter erhöhen die Wahrscheinlichkeit einer Alarminflation: niemand reagiert mehr!

Beispiele für visuelle Steuerungsmittel sind:

- Alarm (Hupe), der losgeht, wenn ein Flüssigkeitsstand auf niedrigem Niveau ist.
- Lichter, die angehen, wenn die Maschine eine Störung hat.
- Schattenbretter für Werkzeuge oder Umrüstungsteile.
- In manchen Softwareanwendungen erhält man eine rote Warnung auf dem Bildschirm, wenn eine Berechnung falsch ist.
- Gmail hat die Option, dass beim Vorkommen des Wortes „Anhang“ im E-Mail-Text ein Warntext erscheint, wenn vergessen wurde, tatsächlich einen Anhang hinzuzufügen („forgotten attachment detector“).
- Das folgende Foto zeigt ein Rohr, durch das Getreide geblasen wird. Die Muffe in der Mitte verbindet die beiden Rohrenden miteinander. Da das Getreide mit hohem Druck durch das Rohr bläst, kann es vorkommen, dass die Rohrenden langsam aus der Muffe gedrückt werden. Die Folge ist ein Rohrbruch oder Leck. Links und rechts von der Muffe wurden mit einer Spraydose zwei dunkle Streifen aufgesprüht. Wenn die Rohrenden ein wenig aus der Muffe rutschen, kommt die ursprünglich helle Rohrfarbe wieder zum Vorschein. Dadurch fällt eine abweichende Situation bei der Wartung sofort auf und ein Rohrbruch oder Leck kann vermieden werden.

Abbildung 32: Visuelles Steuerungsmittel an einer Rohrmuffe

Beeinflussung mit Steuerungsmitteln

Steuerungsmittel kommen bei abweichenden Situationen zum Einsatz. Sie können auch dazu genutzt werden, Mitarbeitern oder Kunden ein wenig auf die Sprünge zu helfen. Wenn es zum Beispiel viele Alternativen gibt, kann mit Steuerungsmitteln dafür gesorgt werden, dass die weniger guten Alternativen nicht so schnell gewählt werden. Man kann die unerwünschten Alternativen verstecken oder unattraktiv machen. Man kann auch die gewünschte Methode so prominent präsentieren, dass sie mit einer gewissen Selbstverständlichkeit gewählt wird. Das passiert etwa den Kunden von Versorgungsbetrieben. Die Betriebe bevorzugen die Zahlung mittels Bankeinzug und nicht auf Rechnung. Das fördern sie, indem sie Ermäßigungen dafür anbieten, wenn der Kunde dem automatischen Bankeinzug zustimmt. Die alte Zahlungsart wird zurückgedrängt, indem neuen Kunden von Haus aus nur noch die Zahlung per Bankeinzug angeboten wird und diese Zahlungsart erst später eventuell wieder abbestellt werden kann.

Bequemlichkeit

Bequemlichkeit ist eine hartnäckige menschliche Eigenschaft. In manchen Situationen tut man besser daran, sie zu nutzen, als sie zu bekämpfen. Menschen neigen dazu, die erste vernünftig erscheinende Option, die auf einem Bildschirm erscheint, zu wählen, anstatt das gesamte Menü durchzuarbeiten (man spricht von „Satisficing"). Gestalten Sie das Menü so, dass die beste Option ganz oben steht. Kundenverhalten kann beeinflusst werden, indem man die beste Wahl als „Standardoption" bezeichnet. Die Chancen stehen gut, dass die meisten Kunden sich dafür entscheiden werden. Je mehr Auswahl es gibt, desto größer ist die Wahrscheinlichkeit einer Fehlentscheidung. Reduzieren Sie deshalb die Anzahl der Optionen, indem Sie bestimmte Auswahlknöpfe einer Software blockieren oder in eine tiefere Menüebene verlegen. Auch das Blockieren von Knöpfen und Schaltern eines Bedien- oder Schaltpults kann in diesem Zusammenhang Fehlentscheidungen verhindern.

Mit einem guten Standard kann Verhalten in die richtige Richtung gelenkt werden!

Poka Yoke

Um zu vermeiden, dass Produkte mit Qualitätsabweichungen zum Kunden gelangen, war es Mitte der Sechzigerjahre üblich, stichprobenartige Messungen und Beurteilungen vorzunehmen. Das Ergebnis der Messung bestimmte, ob eine Reihe schon hergestellter Produkte einen akzeptablen Fehleranteil hatte und zum Kunden durfte, oder nicht. Der Ingenieur Shigeo Shingo glaubte, dass es Möglichkeiten gibt, diese Qualitätsabweichungen schon früher festzustellen oder gleich zu verhindern. Er entwickelte das Konzept Poka Yoke, frei übersetzt: „Fehlerfreies Produzieren". Ziel von Poka Yoke ist es, Produktabweichungen zu eliminieren, indem man ihr Entstehen verhindert oder sie in einem frühen Stadium entdeckt und korrigiert. Die meisten Poka Yokes sind kleine Anpassungen am Entwurf eines Prozesses. Dabei gibt es zwei Arten:

- Präventive Poka Yokes sollen das Entstehen von Abweichungen verhindern. (Ein Auto kann nicht starten, wenn der Fahrer nicht angeschnallt ist.)
- Detektions-Poka-Yokes sollen Abweichungen in einem möglichst frühen Stadium feststellen. (Ein Auto fängt an zu piepen, wenn der Fahrer nicht angeschnallt ist.)

In der in diesem Kapitel behandelten Gewährleistungspyramide entspricht ein präventives Poka Yoke einem Failsafe, während ein Detektions-Poka-Yoke der Kategorie „visuelle Steuerungsmittel" entspricht. Poka Yokes haben dieselben

Charakteristiken wie Failsafes und Steuerungsmittel. Sie sind einfach, schlau und billig. Eingesetzt werden sollten Poka Yokes dort, wo Abweichungen entstehen können, damit die Abweichung erst gar nicht entsteht bzw. sofort reagiert werden kann.

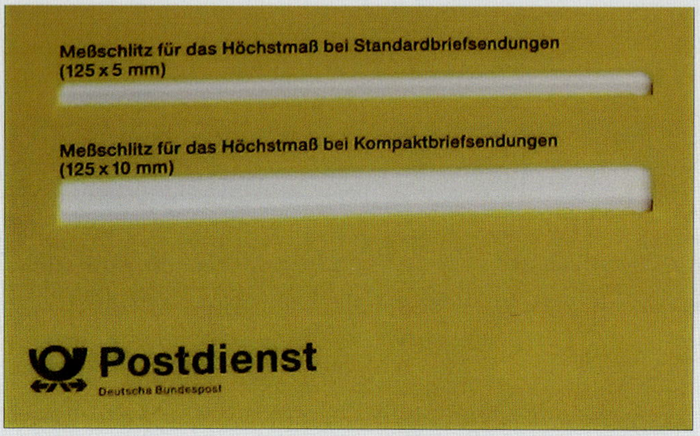

Abbildung 33: Post-Schablone als Poka Yoke-Lösung, die im Vorfeld verhindert, dass der Brief mit falscher Frankierung versendet wird

Ebene 3: Visuelle Hilfsmittel

Bilder statt Text

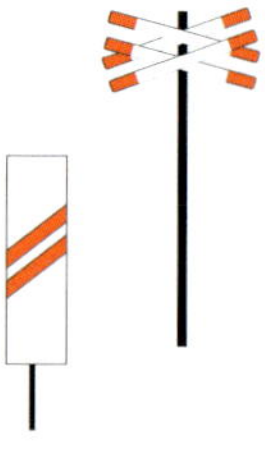

Ein visuelles Hilfsmittel erteilt Informationen über Prozesse und Standardsituationen. In der genannten Bahnübergangssituation sind die Andreaskreuze und die rechteckigen Schilder mit schrägen Streifen visuelle Hilfsmittel. Wer sich dem Bahnübergang nähert, wird auf eine potenziell gefährliche Situation aufmerksam gemacht. Visuelle Hilfsmittel enthalten möglichst wenig Text. Fotos, Piktogramme, Abbildungen und Zeichnungen können viel schneller erkannt werden. Ein Bild sagt mehr als tausend Worte.

Ein visuelles Hilfsmittel kann auch eine Anweisung in Form einer Bildergeschichte sein. Die Sicherheitshinweise für Flugzeugpassagiere sind so gestaltet. Diese Art der visuellen Arbeitsanweisung nennt man Ein-Punkt-Lektion (EPL).

Visuelle Hilfsmittel sind schwächere Gewährleistungsmaßnahmen als visuelle Steuerungsmittel, da auf abweichende oder potenziell gefährliche Situationen in geringerem Maße aufmerksam gemacht wird. Visuelle Hilfsmittel sind auch dann vorhanden, wenn die Situation nicht vom Normalzustand abweicht. Es ist gut möglich, dass eine Person aus Unachtsamkeit auf den Schienen steht, obwohl ein Zug herannaht, wenn sie das Warnschild nicht gesehen hat.

Beispiele für visuelle Hilfsmittel sind:

- visuelle Arbeitsanweisungen (Fotos, Abbildungen, Bildergeschichten);
- Linien und Felder auf dem Boden;
- Skalenstriche auf Maschinen, die bei der richtigen Justierung helfen;
- jeweils eigene Farben für die Behälter und Spritzen mit lebensmittelechtem Schmieröl und normalem Schmieröl, um Verwechslungen zu vermeiden;
- Aktenordner in verschiedenen Farben;
- die Abbildung einer Fliege im Pissoir.

Ein visuelles Hilfsmittel ohne damit verbundene Aktion ist nur eine Art Dekoration!

Abbildung 34: Visuelle Hilfsmittel: Bodenmarkierungen

Ebene 4: Verfahren, Anweisungen und Handbücher

Die Textform (zum Beispiel Verfahren und Anweisungen oder ein einfaches Schild mit Warntext) ist die schwächste Form der Gewährleistungsmaßnahme. Wie bereits beschrieben ist die Wahrscheinlichkeit, dass der Text nicht gelesen, geschweige denn verinnerlicht wird erheblich. Die Wahrscheinlichkeit sich an die Anweisung zu halten nimmt weiter ab je mehr Text gelesen werden muss. Wenn jemand den Inhalt einer schriftlichen Anweisung zur Kenntnis genommen hat, ist das noch lange keine Garantie dafür, dass er auch nach dieser Anweisung arbeiten wird. Viele Menschen entwickeln ihre eigenen Arbeitsmethoden. Wenn ihre eigene Methode einfacher ist als die vorgeschriebene (die möglicherweise besser ist), werden sie dazu neigen, die eigene und einfachere Methode anzuwenden. Dies gilt besonders dann, wenn man die direkten nachteiligen Folgen als gering einschätzt.

Teilweise ist es unmöglich, Standards nur durch Anweisungen zu gewährleisten

Außerdem ist es sehr aufwendig und zeitraubend, die Regeln und Arbeitsanweisungen in den Handbüchern, aber auch in den Köpfen aller Beteiligten, aktuell zu halten. Manchmal ist dies sogar unmöglich: Ein Distributionszentrum in der Region Frankfurt hat Personal aus 25 verschiedenen Ländern. Mehr als 70 % des Personals ist variabel. Es ist unmöglich, all diesen Personen mit Anweisungen in ihrer eigenen Sprache Standards zu vermitteln.

Sicherheit steht an erster Stelle!

Bequemlichkeit wird oft vorgezogen

Kommt man darauf zu sprechen, finden Menschen Sicherheit wichtiger als Bequemlichkeit. In ihrem Verhalten stellen sie jedoch die Bequemlichkeit über die Sicherheit. Beim Bau einer Dachgaube schreibt das Gesetz aus Sicherheitsgründen vor, dass ein Baugerüst aufgestellt werden muss. Man sollte annehmen, dass die meisten Bauunternehmer das auch tun. Wenn die Dachgaube Risse bekommt und eine Reparatur nötig ist, dann ist es bequemer, ohne Baugerüst zu arbeiten. Obwohl die Gefahr sehr groß ist. Wenn Menschen zwischen Bequemlichkeit und Sicherheit wählen müssen, (sicherlich, weil die unsichere Situation nicht stets zu Unfällen führt) ziehen sie die Bequemlichkeit vor.

Und dies trotz aller Anstrengungen und Hinweise eines Betriebs zur Bedeutung von Sicherheit.

Die Suche nach dem bequemsten Weg kann seltsame Wege gehen. Menschen pfeifen auf Sicherheitsanweisungen oder ignorieren Sicherheitsvorkehrungen an einer Maschine. Die Situation beginnt ernst zu werden, wenn ein erfahrener Angestellter eine Urlaubskraft einarbeitet und vorführt, wie man schneller und bequemer arbeiten kann, wenn man die Sicherheitsvorkehrungen an einer Maschine umgeht.

Erst recht, wenn es um die Sicherheit der Arbeiter geht muss man dafür sorgen, dass keine Alternativen mehr möglich sind, oder Gegebenheiten schaffen, dass der sichere Weg der einfachste wird.

7.3 Visuelle Arbeitsanweisungen – Ein-Punkt-Lektionen

Do-it-yourself-Arbeitsanweisung

Obwohl Arbeitsanweisungen oder Verfahren die niedrigste Stufe der Standardisierung darstellen, wird ihnen in Unternehmen die meiste Zeit gewidmet. Dort gibt es lange Regale voll mit Handbüchern und Ordnern mit Anweisungen, deren Erstellung viel Zeit in Anspruch genommen hat, die aber meist nur von ihrem Verfasser und einem externen Prüfer gelesen wurden. Wird dann

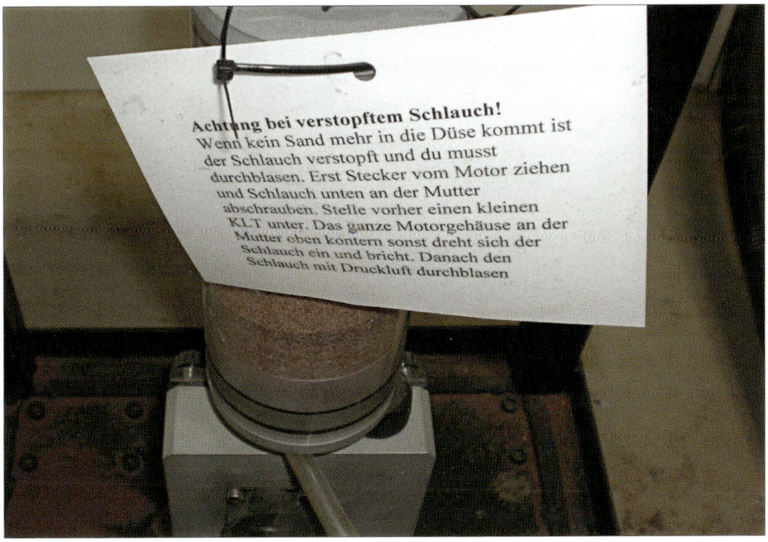

Abbildung 35: Do-it-yourself-Arbeitsanweisung

einmal wirklich eine Anweisung benötigt, erstellt der Schichtleiter eine Do-it-yourself-Arbeitsanweisung (siehe Abbildung 35) und hängt diese dort auf, wo sie benötigt wird.

Wenn eine Anweisung benötigt wird, erstellen Sie diese auf der Ebene der visuellen Hilfsmittel. Nehmen Sie sich ein Vorbild am Spielzeughersteller Lego: Die Bauanleitungen enthalten nur Bilder in einer bestimmten Reihenfolge und kommen ohne Text aus. Eine solche visuelle Arbeitsanweisung nennt man in der 5S-Terminologie Ein-Punkt-Lektion (EPL). Eine EPL ist ein Mittel, um in kurzer Zeit Informationen über Wissen und Fähigkeiten genau dort zu vermitteln, wo sie notwendig sind. Der Grundgedanke von EPLs ist, dass der Benutzer sie selbst erstellt und dann seinen Kollegen erklärt. Die Qualitätsabteilung hilft höchstens bei der Gestaltung der EPL.

Ein-Punkt-Lektion

Eigenschaften von Ein-Punkt-Lektionen:

- Jede EPL behandelt ein Thema.
- Sie enthält eine begrenzte Menge Information (nicht mehr als 1 A4-Seite).
- Sie ist mit Fotos und Abbildungen visualisiert und enthält möglichst wenig Text.
- Sie wird vorzugsweise nicht in Ordnern abgelegt, sondern befindet sich am Arbeitsplatz, wo sie auch verwendet werden soll. Sie wird nicht irgendwo im Netzwerk abgespeichert, denn das ist fast schon eine Garantie dafür, dass sie niemand je lesen wird.
- An jeder EPL ist zu erkennen, wer sie wann erstellt hat.

Ein Beispiel für eine Ein-Punkt-Lektion findet sich in Anlage D. Jede EPL wird von Kollegen getestet, bevor sie in Umlauf kommt. Um zu gewährleisten, dass jeder die EPL gelesen hat, kann eine Unterschriftenliste verwendet werden. Je mehr EPLs, desto schwieriger wird es, das Wissen bei jedem Mitarbeiter aktuell zu halten. EPLs sind also keine Garantie dafür, dass auch wirklich jeder nach der beschriebenen Methode arbeitet.
Beim Einweisen neuer Kollegen können EPLs besonders praktisch sein. Auf einer Tabelle hält der Ausbilder fest, welche EPLs der Auszubildende gelesen hat und nachweisbar beherrscht.

Reinigungsstandards

Reinigungsstandards

Damit das Ergebnis der ersten drei S erhalten bleibt, sind Reinigungsstandards notwendig. Dabei handelt es sich um Ein-Punkt-Lektionen, in denen kurz erklärt wird, wann und von wem etwas gereinigt wird. Abteilungen treffen untereinander Vereinbarungen über den besten Zeitpunkt für die Reinigung. Im Reinigungsstandard sind die Reinigungsaktivitäten nach Häufigkeit aufgelistet: Monatlich, wöchentlich, täglich oder bei jedem Schichtwechsel. In letzterem Fall gilt die Abmachung, dass ein Dienst erst dann übergeben ist, wenn die festgelegten Anforderungen an den organisierten Arbeitsplatz erfüllt sind. Schattenbretter sind wieder vollständig, es liegt nichts mehr auf dem Boden und alles ist so gereinigt, wie vorab vereinbart wurde. Erst wenn das der Fall ist, kann der Dienst übergeben werden und die Mitarbeiter der auslaufenden Schicht können nach Hause gehen.

Faustregeln für Reinigungsstandards

Faustregeln für einen guten Reinigungsstandard:

- Erstellen Sie die Liste persönlich. Schreiben Sie die Namen der Mitarbeiter zu den jeweiligen Aktivitäten.
- Jeder kann die gesamte Liste einsehen. So ist nicht nur klar, was man selbst tun muss, sondern auch was die anderen tun müssen.
- Ein guter Reinigungsstandard ist gut visualisiert. Verwenden Sie dabei Farben und Abbildungen.
- Definieren Sie, was gereinigt werden muss, mit welchen Mitteln und wie sauber es sein muss (eventuell mit einem Foto).
- Wenn keine tauglichen Reinigungsmittel an Ort und Stelle sind, ist die Gefahr hoch, dass gar nichts passiert. Geben Sie diesen Mitteln einen festen und visualisierten Platz in der Nähe des Anwendungsortes.
- Vorzugsweise sollten die Reinigungsarbeiten täglich eingeplant werden. Wöchentliche oder monatliche Reinigungsarbeiten werden leichter vergessen. Sorgen Sie dafür, dass die Aufgaben von den Mitarbeitern automatisiert werden.

- Geben Sie bei wöchentlichen 5S-Arbeiten auch an, an welchem Tag und zu welcher Uhrzeit sie stattfinden müssen (seien Sie dabei möglichst konkret).
- Besser täglich 10 Minuten aufräumen und putzen als wöchentlich eine Stunde. Schmutz und Unordnung dürfen nicht die Zeit bekommen, dass man sich daran gewöhnt.
- Lassen Sie die Liste eventuell jedes Mal unterschreiben. Dies sollte aber dann der Durchführende selbst tun und nicht ein Vorgesetzter, der Sauberkeitspolizist spielt.
- Mitarbeiter können sich gegenseitig beurteilen, indem man den Reinigungszeitpunkt kurz vor dem Schichtwechsel einplant.
- Der Vorgesetzte geht mit gutem Vorbild voran.

Der richtige Zeitpunkt

Aus unbekannten Gründen hat sich im Drei- oder Vierschichtbetrieb der Freitagnachmittag oder -abend als Reinigungszeitpunkt eingebürgert. Wenn sich die Produktion unter der Woche ein wenig verzögert hat, geht das auf Kosten der Zeit, die für die Reinigung vorgesehen ist. Passiert das einige Wochen oder Monate hintereinander, geht es mit der Sauberkeit in der Abteilung zusehends bergab. Sie können versuchen, am eingeplanten Reinigungszeitpunkt festzuhalten, indem Sie bei Nachholbedarf in der Produktion die Reinigung in Überstunden erledigen. Eine andere Möglichkeit ist, nach anderen Zeitpunkten zu suchen, um die Abteilung sauber zu machen und zu halten, damit die Reinigung am Ende der Woche kürzer dauert oder überflüssig wird. Die beste Lösung ist es, durch das Beseitigen von Verschmutzungsquellen (siehe Kapitel 6.1) dafür zu sorgen, dass möglichst wenig gereinigt werden muss.

Checkliste für S 4:

☑ Bei der Wahl der Standardisierungsmaßnahmen wurde die Gewährleistungspyramide verwendet.
☑ Alle Beteiligten wurden über die neuen Anweisungen informiert und haben sich entsprechend eingearbeitet.
☑ Die ersten 3 S sind mithilfe von Reinigungsstandards standardisiert.

☑ Es gibt feste Zeiten für Aufräum- und Reinigungsarbeiten.
☑ Es wurde kontrolliert, ob die neuen Arbeitsmethoden auch funktionieren und angewendet werden.

8 Das 5. S = Selbstdisziplin

Es ist unglaubwürdig, innerhalb von drei Monaten nach dem Cleanout bereits ein 5S-Audit-Ergebnis von 80 oder 90% zu erzielen!

Verantwortlichkeit

Um das erreichte Niveau der Arbeitsplatzorganisation zu halten und zu verbessern, muss deutlich werden, wer für welchen Bereich zuständig ist. Dadurch können Verantwortlichkeiten auch angesprochen werden. Und damit verhindert man, dass sich erst recht keiner verantwortlich fühlt, wenn jedermann die Verantwortung über einen Bereich übertragen bekommt. Zu verwenden ist der beim Cleanout erstellte Übersichtsplan aus Abschnitt 3.1, um die Verantwortlichkeitsgebiete für jeden in der Organisation deutlich zu machen. Mit periodisch stattfindenden 5S-Audits soll das Niveau je Verantwortlichkeitsgebiet veranschaulicht werden.

Jeder hält sich nachweislich an den Standard, bis es einen besseren Standard gibt. Die Wahrscheinlichkeit, dass sich so etwas wie Selbstdisziplin etabliert, hängt davon ab, wie einfach die Einhaltung der Standards ist. Wenn die Standards zur Organisation des Arbeitsplatzes und Ausführung der Prozesse lästig und umständlich sind, werden die Mitarbeiter schon bald nach einfacheren Alternativen suchen, die vielleicht weniger gut und sicher sind, die aber viel leichter von der Hand gehen.

Nachhaltigkeit durch Audits

Prüfen Sie das Niveau der Arbeitsplatzorganisation, indem Sie regelmäßig Audits abhalten. Sie können dazu dieselben Auditlisten wie beim Cleanout verwenden oder diese entsprechend anpassen. Die Mitarbeiter der Abteilung führen Audits in der eigenen Abteilung durch oder bitten unvoreingenommene Kollegen aus einer anderen Abteilung diese durchzuführen. Kollegen aus anderen Abteilungen sind oft kritischer als die eigenen Leute. Der Vorgesetzte der Abteilung hingegen sollte besser nicht als Sauberkeitspolizei auftreten.

Es ist sehr schwer, einen guten Bezugsrahmen für seinen Blick auf die Abteilung zu finden. Was ist maximal erreichbar? Wie sauber und organisiert sieht es aus? Auditzahlen schießen oft von

30 % bei der ersten Messung vor dem ersten Cleanout auf 80 % kurz nach dem Cleanout in die Höhe. Wenn 100 % das Maximum ist, wie müsste es dann in unserer Abteilung aussehen? Im Grunde sind 100 % erst erreicht, wenn es keine Verluste mehr gibt und alles innerhalb von 30 Sekunden gefunden wird. Man kann sozusagen überall ein Butterbrot fallen lassen und würde es danach trotzdem noch essen. Was heute vielleicht noch absurd klingt, wäre der Idealzustand. Versuchen Sie, einen eigenen Bezugsrahmen zu entwickeln, indem Sie regelmäßig andere Unternehmen oder Organisationen besuchen, die Ihnen als leuchtendes Vorbild in Sachen Perfektion erscheinen. Schulen Sie Auditoren darin, ihren Betrieb durch andere Augen zu sehen.

Jedes Unternehmen braucht seinen eigenen Bezugsrahmen

Ergebnisse sichtbar machen

Kommunizieren Sie mithilfe von 5S-Informationsbrettern und Tätigkeitsberichten die Ergebnisse samt den 5S-Auditergebnissen im ganzen Unternehmen. In amerikanischen und japanischen Betrieben ist es üblich, eine Art Wettbewerb abzuhalten und dabei immer wieder die „Abteilung des Monats“ zu ermitteln. Die Erfahrung zeigt aber, dass in westeuropäischen Betrieben die sogenannte Sachlichkeit der Menschen dazu führen kann, dass ein solcher Wettbewerb kontraproduktiv wirkt.

Prüfen Sie das Niveau der Arbeitsplatzorganisation, indem Sie regelmäßig Audits abhalten!

Das D-Wort

In der englischen Version von 5S steht das fünfte S für „Sustaining“ (einhalten oder aufrechterhalten), und wird oft mit 'Selfdiscipline' (Selbstdisziplin) in einem Atemzug genannt. Nun ist Disziplin für uns ein recht unangenehmes Wort, das uns an Militär und Gefängnis erinnert. Disziplin wird wohl noch gebraucht, wenn es um das Betragen von Haustieren und jüngeren Menschen geht. Aber nicht zwischen Erwachsenen. Regelmäßig klagen Lehrkräfte und Beschäftigte an Bildungseinrichtungen, dass es mit der Disziplin der Jugend nicht zum Besten bestellt ist. Die Disziplin eines Mitmenschen in Frage zu stellen ist dagegen ein Tabu. Obwohl wiederum die eigene Disziplin (Selbstdisziplin) in Frage gestellt werden kann, in der Art, dass man sich z.B. seine schlechten Gewohnheiten wie Rauchen austreibt oder die Maßlosigkeit beim Essen. Oder man diszipliniert sich, um an einer

Gewohnheit zu arbeiten oder um gar nicht erst mit einer Sache anzufangen. Im Westen identifizieren wir uns mehr mit dem durch den Philosophen Immanuel Kant eingeführten Begriff Autonomie, was im Grunde bedeutet, dass man seine eigenen Gesetze aufstellt. Das ist ein wesentlicher Unterschied zur Kultur des Fernen Osten (z.B. Japan, woher 5S stammt), wo Disziplin eine Tugend ist.

Das Wort Disziplin stammt vom lateinischen Wort disciplīna oder discipulina, was so viel wie Lehre, Unterricht, Angewohnheit bedeutet. Japanische Schwert- und Kampfsportarten betrachten das Lehren von Gewohnheiten als eine Form Routine (kata). So wie der Junge im Film Karatekid durch das Waschen und Wachsen des Autos seines Lehrmeisters Mr. Miyagi lernt, wie man den Faustschlägen seines Gegners begegnet. Eben solange üben, bis es eine routinemäßige Gewohnheit geworden ist – bis 5S zur Routine wird, ohne hinterfragt zu werden.

8.1 5S als Teil der Regelkommunikation – der Tagesbeginn

Performance sichtbar machen

Jede Organisation beschäftigt die Frage, wie dem Angestellten auf intelligente Weise Informationen über den Fortgang eines Prozesses zu entlocken sind. Ganz bestimmt mühsam, aber lebensnotwendig, ist das bei Betrieben, die im Schichtbetrieb arbeiten. Dienstleistungsorganisationen hingegen mühen sich mit der Frage ab: Wie erkenne ich, wie weit jemand vorangekommen ist? Und wieviel ist noch in Arbeit? Wie ist unsere Performance? Erreichen wir das Soll und was hält uns davon ab, es nicht zu tun? Haben die Angestellten eventuell gute Ideen zur Optimierung?

Natürlich gibt es mittlerweile eine Menge Software, die den Fortgang eines Prozesses sichtbar macht. Meistens erreicht die Information dieser Software allerdings nicht den erwünschten Detailierungs- und Aktualitätsgrad und so werden Treffen zur Informationsvermittlung arrangiert. Allzu oft findet dann jedoch die Informationsweitergabe nur auf der Ebene der Teamleiter statt. Die Menschen am Arbeitsplatz tauschen häufig allenfalls Informationen beim Schichtwechsel aus. Manchmal finden periodisch Meetings statt, denen Angestellte und Manager beiwohnen, die aber auf nicht viel Gegenliebe stoßen. Gerade in solchen Meetings liegt eine große Chance, Informationen über tägliche, oft auftauchende Probleme auszutauschen und Ideen zur Optimierung vorzubringen. Das jedoch erfordert Ausdauer und Disziplin.

Im Rugby gibt es das sogenannte 'Scrum', ein „angeordnetes Gedränge", wenn das Spiel wieder aufgenommen wird. Dieser Ansatz wird auch im Projektmanagement und Lean-Umfeld genutzt, indem täglich oder noch öfter bei einer kurzen Zusammenkunft der Stand der Dinge besprochen wird, damit schnell auf Probleme reagiert werden kann. Diese kurzzyklischen Meetings finden sich auch in Ansätzen des Shopfloor Managements und der Verbesserungs-KATA. Sie werden meist zum Tagesstart angesetzt, dauern maximal 10 bis 15 Minuten und laufen immer nach der gleichen Agenda ab.

Thematisch sind dabei folgende drei Fragen bedeutsam:

- Was wurde gestern gemacht? (Liegen wir im Soll? Davor oder zurück? Wie viel haben wir geschafft?)
- Gibt es etwas, was uns am Erreichen der Ziele / der Planung heute hindert?
- Kann etwas optimiert werden?

Alles, dem man Beachtung schenkt, wächst!

Alles wird unter einem kurzfristigen Blickwinkel betrachtet: Leistungsbewertung und Probleme der vorigen Schicht oder des vergangenen Tages, Planung der nächsten Schicht oder des nächsten Tages. Es gibt Organisationen, die den Tag um 9 Uhr mit einer Zusammenkunft beginnen, andere wiederum beginnen ihn mit dem Informationsaustausch der Schichten.

Arbeiten mit dem „Tagesstart" muss sich tief verankern. Wenn es ein Treffen ist, das regelmäßig vertagt wird, weil zu viel ansteht, dann wird die Idee nicht funktionieren. Um diese Idee, den

„Tagesstart", erfolgreich einzuführen, bedarf es einen, zwei oder drei Monate eiserner Disziplin, manchmal auch ein halbes Jahr. Ein paar Regeln für den Betreuer oder Moderator des „Tagesstarts":

- Der „Tagesstart" ist nicht zum Diskutieren da. Es sollen Informationen ausgetauscht werden.
- Immer exakt zur gleichen Zeit beginnen.
- Strikt an die Agenda halten: die drei Fragen und nur die.
- Der „Tagesstart" ist eine stehende Versammlung - Stühle weg. Er wird oft auch Stand up-Meeting genannt oder „Stehung".
- Immer am gleichen Ort abhalten, nötigenfalls auch am Arbeitsplatz (es sei denn, es ist zu laut).
- Anstatt Papier ein White Board mit feststehender Einteilung nutzen.
- Jeden Punkt der Agenda durch eine Zusammenfassung vertiefen.
- Nicht länger als 15 Minuten, selbst dann, wenn noch nicht alle Punkte durchgegangen worden sind.
- Diejenigen, die den Tagesstart leiten, entsprechend schulen.

Aus dem „Tagesstart" erstehen viele kleine Aktionspunkte und Optimierungsideen, die auf eine Aktionsliste (Wer tut wann was?) kommen. Wer eine Idee einbringt, wird diese auf Papier konkret ausarbeiten.

Bei den „Tagesstarts" kommen auch Probleme zur Sprache. Die Teilnehmer beurteilen, ob es sich dabei um einen Zwischenfall handelt oder nicht und ob eine Analyse die Mühe wert ist. Ergebnis wird sein, dass entweder nichts weiter unternommen werden muss, oder dass ein oder mehrere Angestellte das Problem (z.B. in einem Kaizenteam) analysieren und nach Lösungen suchen.

Für einen „Tagesstart" wird ein Board benutzt. Mindestens folgende Punkte sind darauf festgehalten:

- Die wichtigsten Leistungsindikatoren, die zu beachten sind.

- Grafiken, die die Trends und Mittelungen zu den Leistungsindikatoren wiedergeben.
- Information zu neuen Standards wie Ein-Punkt-Lektionen.
- Die Planung für den folgenden Tag.
- Ausstehende Themenpunkte.

Durch das 5S-Score des letzten Audits und die Auswertung des Trends steht 5S fortwährend im Mittelpunkt. Man kann auch mit Fotos nicht akzeptable Situationen und Arbeitsplätze auf dem Board dokumentieren.

8.2 Das Verbesserungsboard

Nach dem Cleanout und der Verarbeitung der Anhänger kann 5S am Leben gehalten werden, indem man in Arbeitsbesprechungen darüber redet und es zu einem festen Bestandteil der Betriebs- und Abteilungsziele macht. Motivieren Sie zur ständigen Verbesserung, indem Sie immer wieder dazu auffordern,

Verbesserungsvorschläge umsetzen

Ideen mithilfe von Verbesserungsvorschlägen (Anlage E) einzubringen. Das Arbeiten mit einem Verbesserungsboard ist eine mögliche Art, die Behandlung von Verbesserungsvorschlägen voranzutreiben. Das Tempo ist aber reguliert, da nicht mehr als 8 bis 12 Verbesserungsvorschläge gleichzeitig behandelt werden können.

Das Verbesserungsboard aus nebenstehender Abbildung funktioniert wie folgt:

- Neue Verbesserungsvorschläge werden links in das Ringbuch gehängt.
- Die acht Plätze in der Mitte des Brettes sind die Vorschläge, die gerade behandelt werden (in dem Beispiel sind das höchstens 8 Stück).
- Sobald ein Vorschlag erledigt wurde, wird er in das rechte Ringbuch gehängt. So wird wieder Platz für einen neuen Vorschlag geschaffen.

Abweichungen täglich zum Thema machen

Die Produktionsmitarbeiter bestimmen die Priorität und Realisierbarkeit jedes Verbesserungsvorschlags, unter anderem indem sie ihn mit den Rahmenbedingungen des Auftragsbriefes vergleichen. Auch das Anbringen von Anhängern kann weitergehen. Sobald jemand einen Defekt, eine Verschmutzungsquelle oder eine andere Abweichung sieht, kann er einen Anhänger anbringen und das Thema in der Morgenbesprechung behandeln lassen.

Für Anhänger und Verbesserungsvorschläge gilt: Sie sind erst abgearbeitet, wenn der Urheber des Vorschlags oder des Anhängers mit dem Ergebnis zufrieden ist.

Praxis: Bruynzeel Keukens

Bruynzeel ist eine renommierte Marke mit einer 110-jährigen Tradition. Die Firma stellt in den Niederlanden Küchen her. Seit 2004 wendet Bruynzeel die 5S-Arbeitsplatzorganisation als Teil des Verbesserungsprogramms „Ständiges Verbessern" an. Dass es Bruynzeel gelingt, die 5S-Ziele auf hohem Niveau zu realisieren, zeigt sich in der Übersichtlichkeit der Produktionsräume. Die Visualisierungsmittel wie Bodenmarkierungen, Kanban-Tafeln und Verbesserungs-

boards werden intensiv eingesetzt. Faktoren, die laut Bruynzeel den Erfolg von 5S bestimmen, sind:

- *Die Selbstdisziplin hängt nicht von ein paar einzelnen Personen ab, sondern 5S ist eine vom Management getragene Methodik.*
- *Alle Mitarbeiter der Abteilungen beteiligen sich und haben eine 5S-Schulung bekommen.*
- *Man hat sich für Einheitlichkeit bei den visuellen Mitteln und den Lagermöglichkeiten der Abteilung entschieden.*

Das System der ständigen Ausarbeitung von Verbesserungsvorschlägen ist bei Bruynzeel ein wichtiger Motor für den Erfolg von 5S. In all den Jahren, die man nun schon mit 5S arbeitet, kam von den Produktionsmitarbeitern ein ständiger Zustrom von Verbesserungsvorschlägen. Jährlich gehen 400 bis 600 Vorschläge über die Verbesserungsbretter.

Abbildung 36: Verbesserungboard (Bruynzeel Keukens). Die Verbesserungsvorschläge in den gelben Rahmen beziehen sich auf allgemeine Verbesserungen. Die Vorschläge in den roten Rahmen beziehen sich auf den Bereich Sicherheit.

8.3 Einige Fallstricke

Warum misslingt die Einführung von 5S?

5S ist eine kraftvolle Methode zur Beseitigung und Vermeidung von Verlusten und Verschwendung am Arbeitsplatz. 5S bezieht seine Kraft aus seiner Einfachheit und seinem gemeinschaftlichen Charakter. Dennoch kommt es vor, dass die Implementierung von 5S misslingt oder die Methode nicht mehr fortgesetzt wird.

Mangel an Unterstützung vom Management

Wer ist verantwortlich?

Mangelnde Unterstützung durch das Management zeigt sich darin, dass 5S nicht oft genug auf die Tagesordnung von Sitzungen und Arbeitsbesprechungen kommt. Oft wird betont, dass man die Arbeitsplatzorganisation für wichtig hält, ohne aber anschließend auch Zeit und Geld dafür zu investieren. Es gibt Führungskräfte, die glauben, dass die Arbeitsplatzorganisation eine Verantwortlichkeit der jeweils betroffenen Mitarbeiter ist. Das stimmt nur zum Teil, denn zu einem wesentlichen Teil ist der Leiter dafür verantwortlich, überhaupt die Möglichkeiten für die Instandhaltung der Arbeitsplätze zu schaffen. Durch seine Worte und sein Handeln kann er zeigen, dass ihm das Thema wichtig ist, oder auch nicht. Es gibt Arbeitsplätze mit großen Wartungsrückständen, an denen die Mitarbeiter den fettigen Boden mit kaltem Wasser reinigen müssen, weil die Warmwasserversorgung schon seit Monaten defekt ist. Der Ruf nach einer sauberen und aufgeräumten Abteilung bei gleichzeitiger Vernachlässigung der Instandhaltung ist ein Signal dafür, dass die Verantwortlichen nicht wirklich an 5S glauben. Werden Initiativen zur Optimierung des Arbeitsplatzes nicht mit genug Aufmerksamkeit und einer Durchführungsgarantie belohnt, so wird die Anzahl solcher Initiativen abnehmen.

Der Erfolg der Arbeitsplatzorganisation liegt zum großen Teil in der Verantwortung der Führungskräfte!

Andere negative Faktoren, die in der Praxis vorkommen, sind:

5S als Einzelprogramm

5S ist ein Instrument

Manche Unternehmen starten 5S als Einzelprogramm, das in kein anderes Programm eingebettet ist. Dabei muss klargestellt werden: 5S ist kein Programm, sondern nur ein Bestandteil eines Verbesserungsprogramms wie Lean oder TPM. Lean beginnt mit einer Erfassung der Verluste mithilfe einer Wertstromanalyse. Dabei handelt es sich um ein Instrument, mit dem man einen Prozess anhand der wertschöpfenden Aktivitäten und der Verluste (angegeben in den Einheiten Durchlaufzeit und

Bearbeitungszeit) beurteilt. Zuerst wird der Ist-Zustand ermittelt, danach die zukünftige Situation und die verbesserte Version des Wertstroms. Der nächste Schritt ist die Erstellung eines Plans, um den zukünftigen Wertstrom zu realisieren. In diesen Plan werden Methoden aufgenommen um bestimmte Verluste zu reduzieren. Eine dieser Methoden ist 5S.

Bei TPM passiert dasselbe. Zuerst werden die Verluste einer Maschine anhand der Overall Equipment Effectiveness (OEE) erfasst. Die OEE ist ein Messinstrument zur Bestimmung der Effizienz der Maschine gegenüber der idealen Maschinenleistung, also dem andauernden Laufen mit voller Geschwindigkeit und ohne Qualitätsverluste. Die Differenz zwischen der idealen Maschinenleistung und der Realität sind die Verluste. Wenn die Verluste bekannt sind, kann ein Plan erstellt werden, um ihnen entgegenzuwirken. 5S ist eines der vielen TPM-Instrumente, um diese Verluste zu eliminieren.

Machen Sie 5S zu einem Instrument im Rahmen dieser Verbesserungsprogramme!

5S ist kein eigenes Programm, sondern ein Instrument im Rahmen von Lean oder TPM!

Lokal starten und nicht ausweiten

5S kann das persönliche Hobby eines Abteilungsmanagers sein. Voller Begeisterung startet er in seiner Abteilung ein 5S-Projekt und hofft, dass andere Abteilungen folgen werden. Wenn es keinen Rückhalt des Managements gibt, werden die anderen Abteilungen vermutlich nicht folgen. 5S wird sogar langsam auslaufen, vor allem wenn der anfangs so begeisterte Abteilungsmanager einmal eine neue Funktion bekommt.

Mangel an Wissen und Fähigkeiten

5S Schulung

Ein anderer Fallstrick ist der Start ohne eine umfassende 5S-Schulung. Eine gute 5S-Schulung erklärt 5S, die Hilfsmittel und die Aktionen nicht nur, sondern vermittelt auch die Fähigkeit, Teilnehmer zu mobilisieren und geschickt mit Widerständen beim Cleanout umzugehen. Die Aufgabe des 5S-Betreuers ist eher etwas für Menschen, die gruppenfähig sind und gut mit anderen zusammenarbeiten, als für Methodikfreaks.

Checkliste für S 5:

- ☑ Die Reinigungsstandards werden strikt befolgt und immer wieder aktualisiert.
- ☑ 5S-Audits werden regelmäßig eingeplant, abgehalten und besprochen.
- ☑ Das Verbesserungsboard wird aktuell gehalten.
- ☑ Es werden ständig neue Anhänger geschrieben und Verbesserungsvorschläge gemacht.
- ☑ Die Audit-Bewertung ist realistisch.

8.4 Persönliche Effizienz

Kundenorientierung statt persönlicher Effizienz

5S ist als Methode zur Organisation von Gemeinschaftsarbeitsplätzen geeignet, kann aber auch als Instrument zur Verbesserung der persönlichen Effizienz genutzt werden. Über dieses Thema wurden viele Bücher geschrieben, genauso wie über Zeitmanagement und Selbstmanagement. In dieser Literatur wird die eigene Effizienz betont. 5S ist wiederum stark darauf ausgerichtet, durch die Eliminierung der sieben Verschwendungsarten die *kundenorientierte Effizienz* zu verbessern. Die eigene Effizienz ist dem untergeordnet. Es kann sehr gut für Ihre persönliche Effizienz sein, die Arbeit zuerst zu einem Stapel anzuhäufen und erst dann abzuarbeiten. So können Sie an einem Nachmittag alle Kundenanfragen einer ganzen Woche abhandeln. Diese Arbeitsweise ist aber nicht kundenorientiert effizient. Sie verursacht zusätzliche Wartezeiten. Richten Sie den Prozess so ein, dass eingehende Anfragen sofort bearbeitet werden. So stapeln sie sich nicht und die Durchlaufzeit ist minimal.

Ein paar Ideen für die Steigerung der persönlichen Effizienz, bei der der Kunde im Vordergrund steht:

One is best-Prinzip

Halten Sie sich an das „One is best"-Prinzip. Suchen Sie nach Methoden, um Aktivitäten nur einmal auszuführen: Ein Anruf, ein Kundenbesuch, ein Beschluss, eine Unterschrift, ein Ergebnis, eine Seite, ein Ansprechpartner, usw. Andere Formen dieser

Methode sind: Einseitige Memos, einstündige Sitzungen und Beschlüsse innerhalb eines Tages.

Vereinbaren Sie mit Kollegen, dass ein kontinuierlicher Stück-für-Stück-Strom angestrebt wird. Prozesse laufen oft über mehrere Schreibtische oder Abteilungen. Wenn ein einzelner Mitarbeiter in diesem Prozess isoliert die sich anhäufenden Stapel immer nur schubweise abarbeitet, kann das für ihn persönlich sehr effizient sein. In Summe wird die Wartezeit des Prozesses aber erhöht, weil jeder wie auf einer Insel isoliert arbeitet. Entwerfen Sie den neuen Prozess nach dem Prinzip des *kontinuierlichen Stroms*: Akten oder Schriftstücke werden nicht mehr schubweise abgearbeitet, sondern Stück für Stück nach ihrer Bearbeitung sofort an die nächste Abteilung oder den nächsten Mitarbeiter weitergegeben, der sich dann ebenfalls sofort an die Arbeit macht.

E-Mail-Terror

Verschwendung im E-Mail-Verkehr

Auch der E-Mail-Verkehr beinhaltet Verluste und Verschwendung: Nach dem Öffnen der Mail das Antworten vergessen, Nachrichten an ungefähr das gesamte Unternehmen CC (also in Kopie) schicken, alle eingehenden CC-Mails öffnen und ganz durchlesen, vergessene E-Mail-Anhänge oder Ping-Pong-Diskussionen (RE: RE: RE: RE: RE:) mit einem Kollegen, der im Nachbarzimmer sitzt.
Anregungen, um Verluste im E-Mail-Verkehr einigermaßen einzudämmen:

- Arbeiten Sie E-Mails täglich in einem Durchgang ab. Vereinbaren Sie, dass heute versandte Mails erst morgen bearbeitet werden. Dringende Angelegenheiten können auch telefonisch erledigt werden.
- Behandeln Sie E-Mails nur einmal: Lesen und anschließend eventuell beantworten, auf die To-do-Liste setzen, archivieren oder löschen. Ein immer weiter wachsender Posteingang wirkt demotivierend. Eine Faustregel für den maximalen Inhalt im Posteingang: Alle Betreffzeilen sind ohne nach unten scrollen zu müssen sichtbar.
- Vereinbaren Sie, dass CC-Mails nicht zwingend gelesen werden müssen. Wer Zeit hat, liest sie, aber der Absender geht davon aus, dass sie nicht gelesen werden. Wer

also vom Empfänger etwas erwartet (lesen oder reagieren), versendet seine E-Mails nicht in CC.

Eine Gegenstimme: Unordentliche Schreibtische funktionieren besser
Sind Sie ein erklärter Gegner eines aufgeräumten Schreibtisches? Es gibt Wissenschaftler, die Ihnen Recht geben. Eric Abrahamson, Professor an der Columbia Business School sagt über einen unaufgeräumten Schreibtisch:
„Sie finden schneller, wonach Sie suchen, und es fördert Ihre Kreativität, weil Sie während des Durchsuchens der Stapel auf dem Schreibtisch allerlei Dokumente finden, die Sie zwar nicht suchen, die Sie aber auf brillante Ideen bringen. Außerdem muss man sich fragen, ob ein sauberer Schreibtisch nicht beweist, dass ein Mitarbeiter eigentlich den ganzen Arbeitstag lang nichts tut."

Abrahamson, E.; Freedman, D.H.: Das perfekte Chaos, 2007

Bucket-Prinzip

David Allen schlägt in seinem Bestseller Getting Things Done[5] vor, so genannte „Buckets" (Behälter) zu verwenden. Die wichtigsten Buckets befinden sich auf dem Schreibtisch: Posteingang, To-do-Liste von Outlook und Handy. Diese physischen und virtuellen Buckets dienen dazu, die Arbeit zu organisieren, wichtige Informationen aufzubewahren und Aufgaben nicht zu vergessen. Alles, was Sie tun müssen, kommt in eines dieser Buckets. Also keine Post-its mehr, die auf den Monitor geklebt werden, und keine „Nicht vergessen"-Vermerke am Rand wichtiger Dokumente. Wenn Sie nicht an Ihrem Schreibtisch sitzen, können Sie die eingehenden Aufgaben in Ihr Handy (oder Blackberry) einspeichern oder sich selbst eine Nachricht schicken. Ein wichtiges Element in diesem System ist, dass am Ende jedes Tages die Buckets leer und die To-do-Liste aktualisiert ist.

Anwender dieses Systems schätzen daran besonders, dass man nicht mehr alle Aufgaben im Kopf haben muss und sich nicht mehr zu sorgen braucht, dass man etwas vergisst. Entscheidend an diesen Systemen ist der Faktor Selbstdisziplin. Wenn jemand

5 Allen, D.: Getting Things Done: The Art of Stress-Free Productivity, Viking Adult 2001

sein eigenes Bucket-System umgeht, ist der positive Effekt dahin. Studien zeigen, dass mehr als 80 % der Menschen, die sich vornehmen, ab sofort ihre Arbeit besser zu organisieren, nach einiger Zeit wieder in ihr altes Verhaltensmuster zurückfallen. Das System funktioniert am besten bei Menschen, die ihre Arbeit von Natur aus mit Selbstdisziplin organisieren. Der Effekt von Methoden zur Arbeitsplatzorganisation oder zur Steigerung der persönlichen Effizienz ist größer, wenn Mitarbeiter automatisch organisiert arbeiten, da die Umgebung sie dazu anregt oder zwingt. Webdesigner nutzen das Prinzip „Don't make me think". Sie achten darauf, dass die Benutzer von Websites nicht darüber nachdenken müssen, was der nächste Schritt ihrer Suche ist, sondern automatisch zum Gesuchten geleitet werden. Streben Sie danach, die physische und digitale Arbeitsumgebung so zu gestalten, dass sie ohne nachzudenken ordentlich bleibt.

8.5 Persönliche Effektivität

Einmal ist das Optimum. Suche nach Methoden, dass eine Handlung nur einmal ausgeführt wird!

Einspruch: Ein unordentliches Büro erhöht die Kreativität

Wie wir bereits durch Eric Abrahamson erfahren haben, gibt es auch andere Ansichten über die Ordnung in einem Büro. Aus Abrahamsons Untersuchung geht hervor, dass Angestellte mit einem aufgeräumten Büro 36% mehr Zeit benötigen, ein Dokument wiederzufinden, als diejenigen, deren Büro einem Außenstehenden unordentlich und unaufgeräumt erscheint. Dass so ein Büro chaotisch wirkt, ist bloßer Schein, denn gemäß Abrahamson arbeitet gerade hier ein ausgeklügeltes Organisationssystem, das auf den Urheber zugeschnitten ist. Abrahamson kommt zu dem Schluss, dass ein unaufgeräumtes Büro große Vorteile bieten kann. Eine niederländische Untersuchung hat das bestätigt (Liu, Trampa, Smeesters 2012).

Einst sagte Albert Einstein:

„Wenn ein unordentliches Büro für einen unordentlichen Geist steht, wofür steht dann ein leeres Büro?"

Die Wissenschaftler hoben hervor, dass ein durchorganisierter Arbeitsplatz zu mehr konventionellem Verhalten, Pflichtbewusstsein und standardisierter Arbeitsweise führt, jedoch zu weniger Kreativität. Gerade ein unordentlicher Arbeitsplatz wirkt auf Menschen kreativ. Auf der anderen Seite nehmen sie diese Standards und Absprachen nicht so genau. Eben wie man gerade möchte. Es gibt Unternehmen, die die Arbeitsplätze streng durchorganisiert haben möchten. Gleichzeitig soll aber auch eine Räumlichkeit zur Verfügung stehen, die unordentlich, unaufgeräumt und anregend ist, um der Kreativität Freiraum zu geben.

Wichtig ist zu wissen, dass ein unordentlicher Arbeitsplatz nicht unbedingt demjenigen zu Gute kommt, der unverhofft diesen Arbeitsplatz übernimmt. Es geht hier um die persönliche Leistungsmöglichkeit. Abrahamson sagt zum Thema „unordentlicher Arbeitsplatz“: „Man findet sein Zeug schneller und es fördert die Kreativität, da man beim Suchen in den Stapeln auf allerlei Dokumente stößt, die man nicht sucht und die einen auf brillante Ideen bringen.“ Eine wichtige Frage dabei ist, ob der Kunde am unordentlichen Arbeitsplatz indirekt mit teilnimmt - vielleicht hat er in der Zwischenzeit darauf gewartet, dass man einmal in Aktion tritt?

8.6 Der Weg zum Ideal

Hat 5S ein Ende?

Die Frage, wann 5S endet, ist leicht zu beantworten: Wenn der verlustfreie Arbeitsplatz erreicht ist. An diesem Arbeitsplatz gibt es keine Unfälle, geht keine Zeit mit dem Suchen nach Material, Werkzeug oder Dokumenten verloren und es gibt keine Verluste mehr. Theoretisch würde das eine Bewertung des 5S-Audits von 100 % ergeben. Die Erträge bleiben zu 100 % erhalten und alle Aktivitäten und Verwaltungsprozesse sind wertschöpfend. Das klingt perfekt, fast utopisch. Die Autoren kennen keine Situation, in der dieses Level erreicht wurde. Es geht um die Annäherung an das Ideal, um das Streben danach. Wenn 5S keinen Fortschritt bewirkt, bedeutet das einen Rückschritt. Konsolidieren genügt nicht. Das Verbesserungsboard aus Kapitel 8.1 ist ein gutes Instrument, um Mitarbeiter nachhaltig zu motivieren, Verbesserungsideen einzubringen.

Der Kontext, in dem die Prozesse ablaufen – ob es nun um Produktionsprozesse oder Verwaltungsprozesse geht – wird immer Veränderungen unterworfen sein. Das Produktangebot ändert sich, es kommen neue Maschinen, mehr Automatisierung, neue Gesetze oder die Abteilung zieht an einen anderen Standort um.

4 Kategorien

Wir können Unternehmen und Organisationen im Hinblick auf die Arbeitsplatzorganisation in vier Kategorien unterteilen:

1. Wir verändern nichts, sondern halten uns an das Prinzip „Rumpelkammer".
2. Wir haben ernsthafte Schritte zur Arbeitsplatzorganisation unternommen, aber nicht im gesamten Unternehmen.
3. Das ganze Unternehmen arbeitet mit 5S, sowohl in der Produktion als auch in den Büros.
4. Wir wenden die 5S-Prinzipien überall auch vorausschauend an (schon bei der Planung), zum Beispiel bei der Anschaffung neuer Maschinen und bei jeder Veränderung und jedem Umzug des Unternehmens.

Wenn 5S keinen Fortschritt bewirkt, bedeutet das einen Rückschritt!

5S im frühen Stadium

Der Mitarbeiter in der Produktion ...

Unternehmen, die auf höchstem Level mit 5S arbeiten, wenden die Prinzipien nicht nur beim ständigen Verbessern der derzeitigen Situation an, sondern vor allem auch beim Entwerfen neuer Situationen. So werden etwa beim Bau einer neuen Produktionsabteilung die Maschinenarbeiter und Techniker schon in einem frühen Stadium in die Gestaltung des Layouts eingebunden. Mithilfe der 5S-Prinzipien und aufgrund ihrer Erfahrung mit Fehlern, die in der Vergangenheit gemacht wurden, können diese Mitarbeiter sehr wertvolle Beiträge zur Organisation rund um diese Maschinen leisten. Scheinbar Selbstverständliches, wie die Position eines Bedienpults, eines Schreibtisches, von Umrüstungsteilen und der Nachschubversorgung, könnten bei Ingenieuren eine Spur zu wenig im Fokus stehen. Mithilfe der Maschinenbediener können diese Einrichtungsteile dann einen logischen Aufstellungsort bekommen. Der Unterschied kann sich bei den Unfällen, Laufwegen und Stillstandszeiten bemerkbar machen.

Dasselbe gilt für die Verwaltungsumgebung. Wird diese verändert, dann lassen Sie die Mitarbeiter, die täglich die Verwaltungsprozesse ausführen, bestimmen, was die beste Aufstellung der Büromöbel, der Archivschränke und sogar der Abteilungen wäre. Bei der Einrichtung eines neuen Bürogebäudes geben Sie den Teams der Abteilungen ein Budget und lassen Sie sie selbst bestimmen, wie sie den Raum einrichten wollen. Geben Sie einige Rahmenbedingungen vor, zum Beispiel: Der Kunde und die Prozesse stehen im Vordergrund. Wenn Einrichtungsgegenstände benötigt werden, gilt ein vorab festgelegter einheitlicher Standard.

... als auch in der Verwaltung

Lassen Sie Mitarbeiter schon in dieser frühen Phase die 5S-Prinzipien anwenden. Damit erhöhen Sie die Chancen auf einen Senkrechtstart, also den sofortigen Betrieb auf dem gewünschten Qualitätsniveau und mit dem gewünschten Ertrag. Nicht zu vernachlässigen ist auch, dass sich die Mitarbeiter mit den von ihnen selbst entwickelten Lösungen besser identifizieren. Auch das erhöht die Erfolgschancen.

Lassen Sie Mitarbeiter schon in frühen Entwicklungs- und Konzeptionierungsphasen die 5S-Prinzipien anwenden!

5S mal anders

Die von dem Designer Burkhard Schaeller entwickelte Küche Magdalena Gravity zeigt:
Arbeitsplatzorganisation funktioniert auch an Arbeitsplätzen außerhalb des beruflichen Umfeldes.

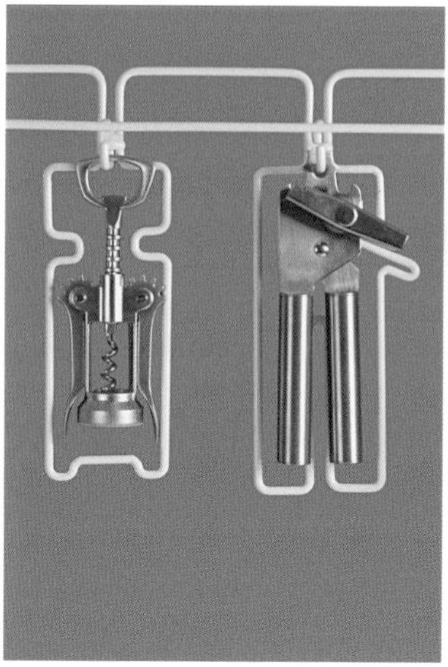 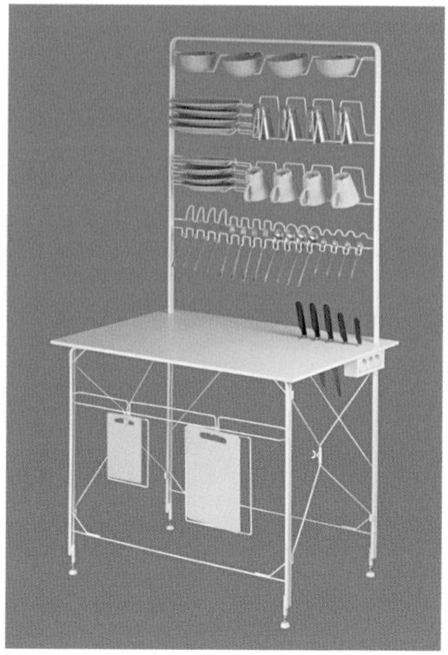

Viel Erfolg und Freude bei der Umsetzung von 5S in Ihrem Unternehmen!

9. 5S in der Praxis

9.1 Vistaprint – Groß in kleinen Mengen

Abbildung 37: Ampelsystem bei Vistaprint

Vistaprint ist eine Druckerei, die jedoch noch keine lange Tradition besitzt. Die Kunden entwerfen und bestellen die Produkte via Internet. Sie können aus Produkten wie Fotobüchern, Visitenkarten, Etiketten, Stickern und vielen anderen Werbeprodukten bis hin zu Fototassen wählen. Vistaprint druckt und liefert schnell.

Vistaprint ist ein börsennotierter Betrieb mit weltweit mehr als 4000 Angestellten. Die Produktion findet an drei Orten statt, eine davon in Venlo.

Was Druckereiprozesse so teuer macht, ist das ständige Auswechseln der Druckplatten zwischen den Druckreihen. Je größer die Druckreihe, desto geringer die Kosten. Darauf stützen sich viele Druckereien. Vistaprint handhabt das anders. Privatpersonen und kleine Betriebe haben kein Interesse an großen Auflagen und Werbematerial.

VP Werkdirektor Henk van Rossum: „Die Strategie von Vistaprint ist die Produktion von kleinen Auflagen, ja sogar von nur einem Exemplar. Unsere Maschinen sind darauf justiert, wir können schnell umstellen. Da viele Bestellungen bei uns eingehen, können wir bestimmte Produkttypen bündeln, wobei die Zahl der Umstellungen übersichtlich bleibt. Unsere Kunden entwerfen auf unserer Webseite ihr Produkt wie Visitenkarten selbst. Wir bieten beliebte Standardentwürfe, die in einem bestimmten Rahmen spezifiziert werden können. Auf diese Weise sind für uns viele kleine Bestellungen in der Produktion eine große Bestellung, da sie einem bestimmten Standard entsprechen. Das erspart uns wiederum Umstellzeit."

Zeitgewinn

Vistaprint in Venlo ist seit einigen Jahren dabei, die Produktion auf Lean umzustellen. Eine der Methoden, die auf breiter Basis zur Anwendung kommt, ist 5S. Und das merkt man auch. Die Produktionshalle und -linien werden mit Hilfe von Ganglinien, Andons und Shadow Boards visualisiert und standardisiert. Jedes Produktionsteam verfügt über ein Optimierungs-Board zum „Tagesstart".

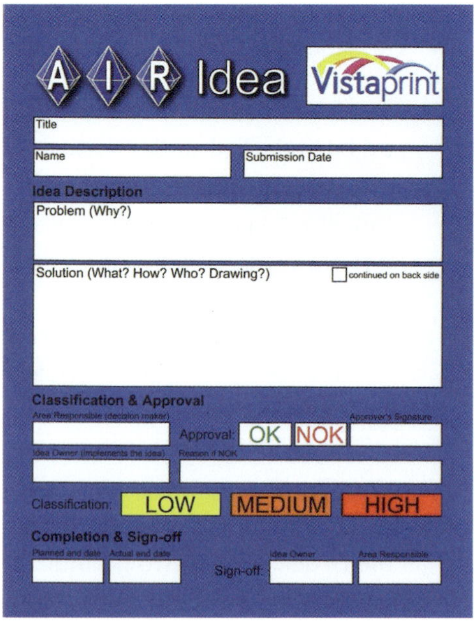
A I R Idea
Vistaprint
Title
Name
Submission Date
Idea Description
Problem (Why?)
Solution (What? How? Who? Drawing?)
continued on back side
Classification & Approval
Area Responsible (decision maker)
Approval: OK NOK
Approver's Signature
Idea Owner (implements the idea)
Reason if NOK
Classification: LOW MEDIUM HIGH
Completion & Sign-off
Planned end date
Actual end date
Sign-off:
Idea Owner
Area Responsible

Abbildung 38: Optimierungskarte (AIR heißt Aktionen – Implementierung und Result (Ergebnis))

Henk van Rossum: „Für uns hat die Einführung von 5S einen beachtlichen Zeitgewinn gebracht. Um unsere kurzen Lieferzeiten einhalten zu können, ist es lebensnotwendig, dass die Produktionsteams und die Maschinen konform gehen. Das ist das Herzstück unserer Produktion. Demzufolge kann jede Minute Zeitverlust an einer Maschine Folgen für das Ganze haben. 5S hat uns, im Kontext mit Lean, weitgehend bei der Visualisierung und Standardisierung geholfen. Abweichungen bei den Prozessen fallen ab und wann an und können direkt behoben werden."

Abbildung 39: Markierte Parkzonen für Hubwägen

5S-Koordinator Geert Bongers: „Unsere Mitarbeiter spielen eine große Rolle bei der kontinuierlichen Verbesserung. Sie denken über Standards hinsichtlich des Zeitgewinns nach, halten abteilungsübergreifend wöchentliche Audits ab und partizipieren an Kaizen. Wir haben auch ein wirksames Optimierungswerkzeug – das AIR-System. Alles in allem bringen die 150 Arbeiter der Produktionsabteilung wöchentlich 30 brauchbare Vorschläge vor."

Van Rossum: „Ich denke, dass wir im grafischen Sektor Spitzenreiter sind, jetzt möchten wir uns gerne mit Betrieben der Automobilindustrie vergleichen. Wir können's nur besser machen. Die ersten 3 S haben wir gut im Griff. Jetzt konzentrieren wir uns auf Nummer 4 und 5."

9.2 VUmc

VUmc ist eine der acht Universitätskliniken in den Niederlanden. Mehr als 6 000 Angestellte haben sich in den Zuidas von Amsterdam ganz und gar der Patientenbetreuung, Untersuchung, Unterweisung und Lehre verschrieben.

Ende 2010 hat das VUmc damit begonnen, in Lean zu denken und zu arbeiten. Interessierte Führungskräfte können die Dienste von Coaches in Anspruch nehmen, wenn Lean eingeführt und angewendet werden soll. Am meisten in Anspruch genommene Lean-Techniken im VUmc sind Stehungen, Wertstromanalyse, A3-Optimierung und letztendlich die 5S-Arbeitsplatzorganisation.

„Mit 5S treten allerlei Ausfälle und Optimierungspunkte zu Tage. Z.B. Arbeitssicherheit und der Mangel an ausreichend beschriebenen Standards. Während der Stehungen in den Abteilungen besprechen wir die Punkte und Mängel und denken über Standards nach", sagt Lean-Coach Ellen Duijnhouwer. „Die Einführung von Lean setzt sich Abteilung für Abteilung durch. Ginge es nach dem Verwaltungsrat, ist es keine Frage ob, sondern wann Lean eingeführt wird. Das hilft enorm."

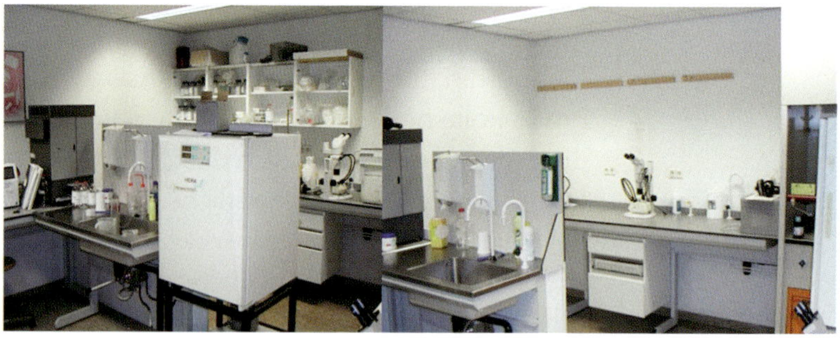

Abbildung 40: Quarantäneraum vor und nach einer 5S-"Behandlung"

Ein Beispiel, das für die Einführung von 5S am Arbeitsplatz für sich spricht, ist die Abteilung molekulare Zellbiologie und Immunologie.

Abteilungsleiter Prof. Dr. C. Dijkstra: „In Kürze werden unsere Laboratorien an einen anderen Platz verlegt. Wir möchten mit so wenig Umzugskartons wie möglich umziehen. Ich nenne das "Ausmisten". Dadurch, dass wir damit bereits in den alten Laboratorien begonnen haben, lernen unsere Angestellten, ihren Arbeitsplatz effizienter zu gestalten. Und sie sprechen auch darüber."

Lab-Manager Ed Döpp: „Wenn wir in einem Labor 5S einführen, lassen wir die Angestellten die gegenwärtige Situation zuerst mit Fotos und z.B. einem Spaghetti-Diagramm beschreiben. Wenn das Diagramm zeigt, dass es zahlreiche Umstellungen gibt, die sich auf einen bestimmten Ort konzentrieren, schauen wir zu, ob wir am Layout etwas ändern und den Apparaturen einen anderen Platz geben können."

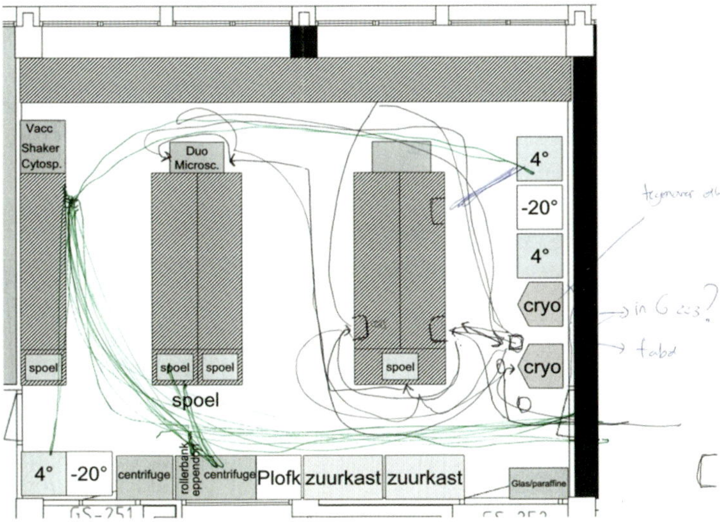

Abbildung 41: Spaghetti-Diagramm eines gewöhnlichen Labors

Prof. Dr. Dijkstra: „Denkt und spricht man über die Arbeit, erkennt man, dass sich die Denkweise verändert, dass das Team stärker wird. Nicht jeder fängt sofort Feuer. Aber es gibt auch andere, die sich um 180 Grad drehen. Als wären sie bekehrt."

Ein zweites Beispiel kommt aus der Abteilung Kardiologie/Kardiochirurgie. Die Teamleiterin der Krankenpflege Eva Wildbret: „Bei unseren täglichen Stehungen kam regelmäßig unser Medikamentenvorrat zur Sprache. Der war unübersichtlich, einige Artikel hatten wir zu viel und dennoch schätzten wir den Bestand falsch ein. Deshalb sind wir dem täglichen Bedarf nachgegangen, haben den Medikamentenschrank dementsprechend eingeteilt und visualisiert - Zur Zufriedenheit des Teams."

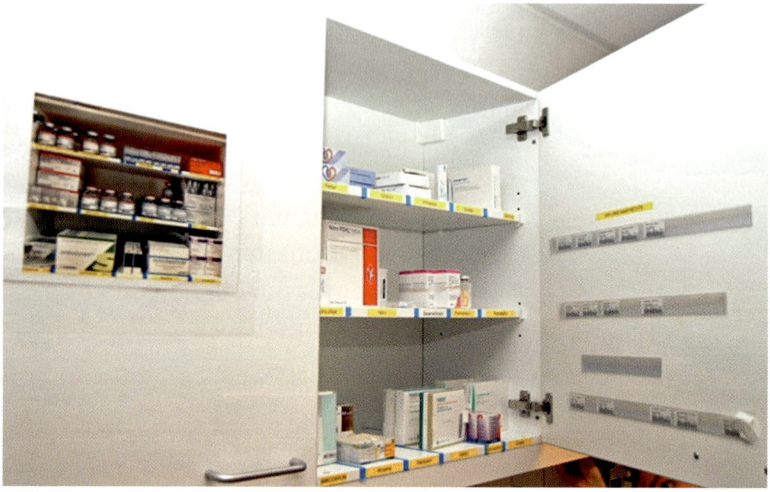

Abbildung 42: Medikamentenschrank mit beschriftetem Kühlschrank und Fotos auf jeder Schranktür mit dazugehörigem Bestand

9.3 Sligro Foodservice

Sligro ist ein börsennotierter Zulieferer von Nahrungsmitteln, der den Großhandel und Konsumenten versorgt. Die Gruppe setzt 2,5 Mrd. Euro um und hat 5500 FTE (Vollzeitbeschäftigte). Die Sligro Food Group besteht aus Lebensmitteleinzelhandels- und Lebensmittelservicebetrieben, die sich direkt und indirekt auf den niederländischen Lebensmittelmarkt spezialisiert haben. Beim Lebensmittelservice ist das der Großhandel, beim Lebensmitteleinzelhandel der Großhandel und der Einzelhandel mit etwa 130 Supermärkten mit dem Namen EMTÉ.

Der Bereich Foodservice verfügt über ein landesweites Netzwerk von Abhol- und Liefergroßmärkten für die Gastronomie, Erholungsbetriebe, Caterer, Großverbraucher, Betriebsrestaurants, Tankstellenläden etc.

Mit 5S in einem Happen umziehen

September 2013 wurde in Venray ein neuer Zustellservice auf 17.000 m^2 eröffnet. Von dort beliefert Sligro seine Kunden in Limburg und im östlichen Nordbrabant. Der neue Standort ersetzt den Zustellservice in Haps und den offenen Zustellservice in Maastricht. Sligro Foodservice bedient sich schon seit Jahren der Elemente und Methoden des Optimierungsgedankens von Lean. Bei Sligro heißt der dauerhafte Optimierungsgedanke: In einem Happen, alles gut. Und in der Tat, der Umzug an einen neuen Ort muss auch auf Anhieb klappen.

Abbildung 43: Anwendung des 5S-Prinzips während des Cleanout in Haps

Filialleiter Mario van de Ven: „Wir wollten in Venray 5S. Alles visualisiert und standardisiert. An der neuen Örtlichkeit hatten wir gerade einmal ein Zeichenbrett stehen, da trafen wir in Haps schon die ersten Vorbereitungen, indem wir 5S übten. Einige Abteilungen arbeiteten schon am Cleanout, einige Monate beschäftigten wir uns mit dem "Tagesstart"-Board und mit Verbesserungsideen. Bevor sich die Angestellten zur neuen Filiale aufmachten, hatten sie sich bereits mit 5S vertraut gemacht."

Operations-Manager Leon Rutten: „Unterdessen wendete eine Projektgruppe die 5S-Prinzipien auf den Entwurf und die Einrichtung des Gebäudes an. Ein Verteilungszentrum stellen wir öfter hin, aber jetzt ging es um was anderes. Nun ging es um die Logik der Angestellten. Wie können sie so effizient wie möglich arbeiten? Wie verringern wir die Anzahl an Umstellungen und wie sorgen wir dafür, dass jedes Ding direkt zu finden ist?"

Startschuss in Venray

Mario van de Ven: „Die ersten Wochen nach der Eröffnung in Venray haben wir extra Wert auf die Festlegung der Standards gelegt, so z.B. Ein-Punkt-Lektionen und Ganglinien. Die Angestellten wussten jedoch schon, was sie erwarten würde. Sie waren bereits reichlich mit 5S versorgt worden. Bemerkenswert war, dass in den ersten fünf Wochen die Optimierungs-Boards mit 100 Verbesserungsvorschlägen zugehängt waren."

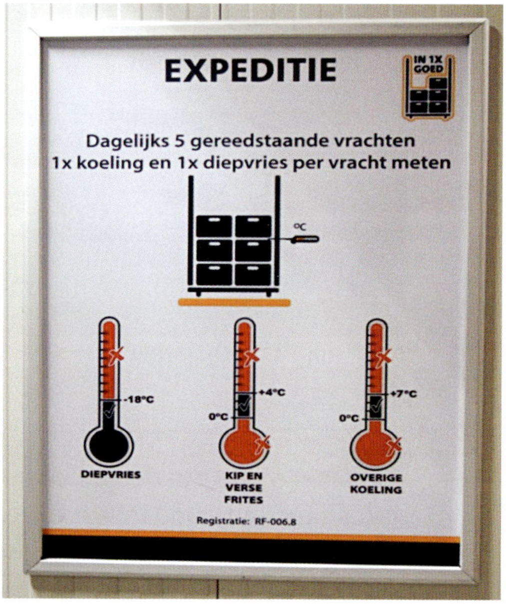

Abbildung 44: Ein-Punkt-Lektion an der Mauer des Speditionsraums

Leon Rutten: „Wenn wir die 5S-Prinzipien nicht angewendet hätten, dann wäre die Planung und der Umzug nicht so glatt verlaufen. Wir haben Struktur bekommen. Und wir haben eine Basis. Hier in Venray machen wir es jetzt anders. Anders als zuvor in Haps und Maastricht. Langsam ist es zur Routine geworden. Es gibt nun eine Grundlage für die kontinuierliche Optimierung."

Abbildung 45: Visualisierter Arbeitsplatz in Venray

Mario van de Ven: „Der Startschuss, oder die Wende, war während des Cleanout. Die Menschen wurden neugierig, ungenutzte Talente wurden angebohrt und die Angestellten machten sich daran, ihren Arbeitsplatz zu optimieren. Natürlich gab es auch Mitarbeiter, die nicht so enthusiastisch waren. ‚Das halten die eh nicht durch', sagten sie. Wir haben es durchgehalten und tun das auch heute noch."

Anlagen

Anlage A: Auftragsbrief

Abteilung:			
Teammitglieder			
Auftraggeber		Abteilung	

„Ein fester Bestandteil unseres Lean Programms ist die Organisation und Visualisierung unserer Arbeitsplätze. Dieser Bestandteil ist unbedingt notwendig. In einer unordentlichen und unübersichtlichen Arbeitsumgebung kann nicht zufriedenstellend produziert werden. Deswegen investieren wir Zeit und Geld in die Verbesserung der Arbeitsumgebung. Wir steigern damit die Effektivität und verbessern die Kundenzufriedenheit."

Auftragsbeschreibung:

Sie bekommen den Auftrag, die Abteilung 5S-gerecht zu gestalten. 5S startet mit einem Cleanout. Im darauf folgenden halben Jahr werden die aufgelisteten Verbesservorschläge konkret erarbeitet und umgesetzt, wenn diese Vorschläge folgenden Rahmenbedingungen entsprechen:

Rahmenbedingungen:

1. Der derzeitige Arbeitssicherheitsstand darf nicht gefährdet werden
2. Verbesserungsvorschläge werden erst erarbeitet, wenn alle betroffenen Schichten damit einverstanden sind
3. Maximales Gesamtbudget: €5.000,--
4. Höhere Investitionen werden genehmigt, wenn die Amortisationszeit höchstens ein halbes Jahr beträgt
5. Benutzen Sie bei der Visualisierung die Standardfarben und die Standardsymbole unserer Organisation. Achten Sie auch beim Einkauf von Möbeln, Schränken, Regalen, Kennzahlenboards darauf, dass sie unserem Standard entsprechen

Anfang: (Cleanout):	7. November 2010	Enddatum	08. April 2011

Zielsetzungen:

Erreiche im kommenden halben Jahr:

- Eine kontinuierliche Auditbewertung von 80 Punkten oder höher
- Eine Verringerung der Kurzstopps von -33% (im Vergleich zum Vorjahr)
- Die Abarbeitung von 80% aller Mängelkarten und Umsetzung von 80% aller Verbesserungsvorschläge

Genehmigung Auftraggeber	**Datum:**

Anlage B: 5S-Auditbogen Produktionsumgebung

5S Audit CHECKLISTE

CETPM® at Ansbach University of Applied Sciences www.cetpm.de

5S	Auditbereich: Abteilung: Team:		Verantwortliche/r: Auditdatum:		
Bereich:	**Nr.**	**Zu beurteilende Objekte**	**Beurteilungskriterien**	**Beurteilungs-punkte (0 - 5)**	**Bemerkungen/ Hinweise**
1. Sortieren	1	Gegenstände (z.B. Werkzeuge, Teile, etc.)	Alle Gegenstände sind gekennzeichnet und befinden sich an der richtigen gekennzeichneten Stelle.		
	2	Maschinen und Geräte (z.B. Anlagen, Hubwagen, etc.)	Es befinden sich keine unnötigen bzw. überflüssigen Maschinen oder Gerätschaften im Fertigungsbereich, die Geräte am Arbeitsplatz werden regelmäßig genutzt.		
	3	Augenscheinkontrolle	Unnötige Gegenstände werden auf einen Blick erkannt, eventuell überflüssige Dinge sind mit einer Roten Karte gekennzeichnet, Hilfs- und Prüfmittel sind griffbereit und übersichtlich angeordnet.		
	4	Überproduktion (Rohstoffe, Verpackungsmaterial, etc.)	Es befindet sich nicht mehr Material im Fertigungsbereich als nötig. Nicht benötigte Mengen werden nach aufgestellten Regeln beseitigt.		
	5	Aktuelle Informationen (z.B. Arbeitsanweisungen, Aushänge, etc.)	Gibt es am Arbeitsplatz und Informationsecken unnötige oder veraltete Richtlinien, Arbeitsergebnisse, … .		
	6	Ergebnispräsentation	Ist der Zustand vor dem Sortieren (Ist-Zustand) und der danach festgehalten worden?		
2. Systematisieren	7	Bereichskennzeichnungen	Sind alle Arbeitsbereiche, Abstellplätze, etc. einheitlich gut sichtbar markiert und beschildert.		
	8	Beschriftungen von Arbeitsmitteln	Alle Gegenstände sind klar gekennzeichnet und selbsterklärend visualisiert.		
	9	Bestellmengenanzeiger	Gibt es farbige Markierungen die Mindest- und Höchstbestände anzeigen.		
	10	Visuelle Markierung	Es gibt für jeden Gegenstand einen optisch markierten Platz, an dem dieser Gegenstand auch ist.		
	11	Kennzeichnung von Beständen	Sind alle Umlaufbestände, Hilfsstoffe und Verpackungsmaterialien beschriftet?		
	12	Wegekennzeichnung	Alle Wege sind gut sichbar mit Linien markiert, frei von Paletten und anderen Gegenständen und die Laufrichtung ist visualisiert.		
3. Säubern	13	Arbeitsplätze	Alle Arbeitsplätze und dortigen Maschinen, Geräte, Transportmittel sind sauber und staubfrei. PC-Arbeitsplätze sind frei von Schmutz und Staub!		
	14	Arbeitsumfeld	Böden sind immer sauber und gefahrenfrei. Wände, Fensterbänke, Fenster, Türen sind frei von Verunreinigungen.		
	15	Säubern und überprüfen	Das Reinigen des Equipments ist gleichzeitig mit einer Überprüfung verbunden.		
	16	Regelungen	Das Reinigen ist einfach. Es gibt Regelungen, wer reinigt (z.B. nach einem Rotations- oder Schichtsystem) sowie wann und wie häufig das Reinigen durchzuführen ist.		
	17	Routine	Das Reinigen wird in regelmäßigen Abständen durchgeführt. Alle notwendigen Reinigungsmittel sind vorhanden. Verantwortliche sind klar festgelegt.		
	18	Abgestellte Gegenstände	An Wänden, Fenstern, Pfeilern, Gestellen sowie Anlagen und Maschinen lehnen keine Gegenstände.		

5S Audit CHECKLISTE

CETPM® at Ansbach University of Applied Sciences www.cetpm.de

5S	**Auditbereich:** **Abteilung:** **Team:**	**Verantwortliche/r:** **Auditdatum:**

Bereich:	Nr.	Zu beurteilende Objekte	Beurteilungskriterien	Beurteilungs-punkte (0 - 5)	Bemerkungen/ Hinweise
4. Standardisieren	19	Die ersten 3 S	Es gibt Standards für systematisches Aufräumen, Ordnung und Sauberkeit sowie selbsterklärende Visualisierung.		
	20	Markierungen	Sind Kennzeichnungen für Arbeitsflächen, Bodenflächen, Schränke, Werkzeuge, etc. betriebsweit standardisiert und befindet sich nur das dort, was dort hingehört.		
	21	Standards setzen	Es gibt Standards für Inspektionen, Wartungen, Reinigen, Schmieren, Arbeitskleidung etc.		
	22	Standards einhalten	Es sind für die Mitarbeiter zur Einhaltung der Standards abzuzeichnende Checklisten vorhanden.		
	23	Visualisierung	Es gibt Checklisten oder Kurzanleitungen für den Betrieb von Anlagen. Diese enthalten Hinweise auf Gefahren und ungeplante Situationen.		
	24	Lichtverhältnisse & Belüftung	Die Beleuchtung, Lichtwinkel und Intensität des Lichtes sind angemessen. Die Luft ist sauber und die Frischluftzufuhr ausreichend.		
5. Selbstdisziplin	25	Leben der 5S im Betrieb	Die beschriebenen Standards werden nachweislich und flächendeckend eingehalten.		
	26	Verbesserungen	Die vorhandenen Standards werden kontinuierlich weiter verbessert bzw. optimiert. Im betreffenden Bereich werden nachweislich Verbesserungen erzielt.		
	27	Arbeitssicherheit	Vorschriften sind visualisiert, werden geschult und eingehalten.		
	28	5S-Training	Die Mitarbeiter kennen die Tools und Techniken von 5S.		
	29	Selbstaudit	Es werden regelmäßig Audits durchgeführt und die im betreffenden Bereich abgeleiteten Maßnahmen werden in den Maßnahmenplan aufgenommen.		
	30	Erfassungs- und Abbildungssysteme	Erfassungssysteme (z.B. SAP) werden genutzt und nach ihnen gelebt. Visualisierungstafeln sind up-to-date und werden regelmäßig aktualisiert.		

Bewertungs-bereich:	**1. S (Sortieren)**	**2. S (Systematisieren)**	**3. S (Säubern)**	**4. S (Standardisieren)**	**5. S (Selbstdisziplin)**	**Gesamtpunktzahl des Audits:**	**0**	**0,00%**
Erreichte Punktzahl:						**Zielvorgabe für das nächste Audit:**		-
Erreichte Punktzahl in %:						**Zieldatum für das nächste Audit:**		
Bewertungkriterien nach Punkten:	**0 = trifft nicht zu**	**1 = trifft nur ansatzweise zu**	**2 = trifft nur teilweise zu**	**3 = trifft größtenteils zu**		**4 = trifft zu**	**5 = Alle Kriterien werden konsequent erfüllt**	

www.cetpm.de

Anlage C: 5S-Auditbogen Büroumgebung

5S-Audit Büro

		Bewertung[1]				
Sortieren	Alle Dokumente und Materialien auf den Arbeitstischen und in den Schubladen werden täglich bzw. wöchentlich benutzt.	1	2	3	4	5
	Alle Dokumente und Materialien in den Schränken werden monatlich verwendet.	1	2	3	4	5
	Alle Dokumente werden richtig und im definierten Zeitraum abgelegt.	1	2	3	4	5
	Alle Ablagestandards sind eindeutig und die Beschreibung zugänglich.	1	2	3	4	5
		Gesamt 1. S:				
Systematisieren	Alle Schränke und Lager haben Platz- und Artikelkennzeichnungen.	1	2	3	4	5
	Alle Dokumente und Lager haben einen eigenen Verantwortlichen /Paten.	1	2	3	4	5
	Alle Büromaterialien können innerhalb von 30 Sekunden gefunden werden.	1	2	3	4	5
	Gesuchte Informationen können innerhalb von 30 Sekunden gefunden werden.	1	2	3	4	5
		Gesamt 2. S:				
Säubern	Regelmäßig benutzte Gegenstände werden auf Anhieb gefunden.	1	2	3	4	5
	Die Regeln zum Aufräumen der überflüssigen Gegenstände sind allen Beteiligten bekannt.	1	2	3	4	5
	Anhand festgelegter Regeln organisieren die Mitarbeiter selbständig, dass die Arbeitsplätze geordnet und aufgeräumt sind.	1	2	3	4	5
	Am Ende jeden Tages sind alle gemeinsam benutzten Arbeitsbereiche im definierten Soll-Zustand.	1	2	3	4	5
		Gesamt 3. S:				
Standardisieren	Alle Standards sind klar festgelegt und visualisiert. Diese Standards sind aktuell und werden regelmäßig verwendet.	1	2	3	4	5
	Standards werden regelmäßig bewertet und angepasst.	1	2	3	4	5
	Für Ordnung und Sauberkeit sind Aufgaben und Verantwortlichkeiten definiert und Personen zugeordnet.	1	2	3	4	5
	Der Status des Hauptprozesses der Abteilung ist auf einen Blick erkennbar.	1	2	3	4	5
		Gesamt 4. S:				
Selbstdisziplin	Bestände und Abweichungen der Bestände sind sofort erkennbar (innerhalb 30 Sekunden).	1	2	3	4	5
	Auf dem Boden oder auf den Schränken liegen keine Dokumente, Ordner oder Büromaterialien.	1	2	3	4	5
	Verbesserungsvorschläge werden regelmäßig eingereicht.	1	2	3	4	5
	Auf eingereichte Verbesserungsvorschläge wird innerhalb einer Woche reagiert.	1	2	3	4	5
	Jeder hält sich an die vereinbarten Regeln der Arbeitsorganisation.	1	2	3	4	5
		Gesamt 5. S:				
[1]Bewertung: 1 = Kriterium nicht erfüllt, große Abweichung vorhanden 5 = Kriterium voll erfüllt, es gibt keine Abweichung		Gesamt alle 5S				

Anlage D: Ein-Punkt-Lektion

EPL Nr. *S 15*	Reinigung *Füllmaschine SP1*	Version: 2 Datum: 19. Jan 11

Beim Erkennen einer Abweichung immer eine Karte schreiben und im Notfall den Meister informieren

Leimdüsen gründlich mit Reinigungstuch und Wasser reinigen.
Benutze kein Reinigungsmittel!

Demontiere die Leimdüsen mit 10er Schlüssel und reinige sie im Spülbecken. Kontrolliere die Düsen auf Beschädigungen.

Nach dem Reinigen mit Luft trocknen.

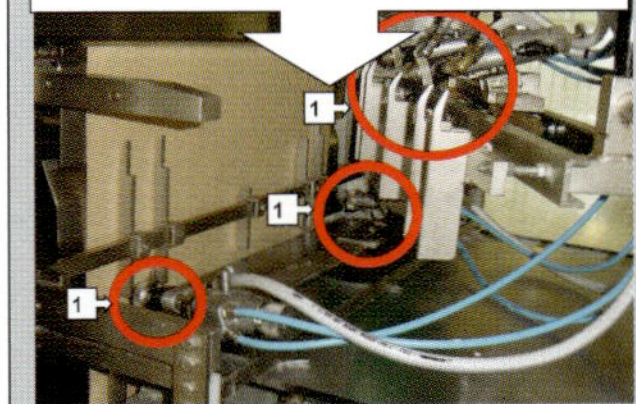

Demontiere die Schienen **nicht**, sondern reinige sie in der Maschine.

Verwende bei hartnäckigen Leimresten den Spachtel, ansonsten nur mit nassem Reinigungstuch säubern.

Benutze kein Reinigungsmittel!

Demontiere die Schienen **nicht**, sondern reinige sie in der Maschine.

Verwende bei hartnäckigen Leimresten den Spachtel, ansonsten nur mit nassem Reinigungstuch säubern.

Benutze kein Reinigungsmittel!

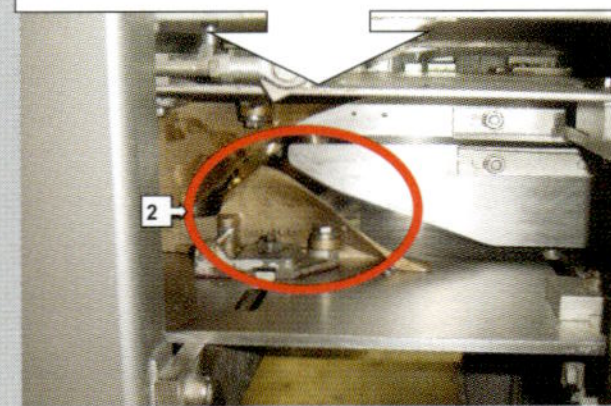

Nr.	Ort	Vorgehensweise	Standard	Hilfsmittel	Zeit (min)	Frequenz					Wer
						jede Schicht	Tag	Woche	2-wöchig	monatlich	
1	Leimdüsen	Leimdüsen demontieren und mit Wasser reinigen	Keine Leimreste	Wasser und Tuch	15	X					1 . Bediener
2	Schienen	Schienen nicht demontieren aber mit Tuch und Wasser reinigen, ggf. Spachtel benutzen	Keine Leimreste	Feuchtes Tuch und Spachtel	15	X					2. Bediener

Festgelegt von: Cor, John und Danny	EPL kontrolliert von: Schicht X: Schicht Y: Schicht Z:	Bearbeitungszeit: 15 min pro Person

Anlage E: Verbesserungsvorschlag

Verbesserungsvorschlag

Name: Maarten Bron	**Maschine/Platz:** Linie 2	**Datum:** 21. Februar
Abteilung: Verpacken	**Themen:** Umbau Magazin	**Nummer:** 34

Problembeschreibung
(Wer, was, wo, wann, warum, wie, wieviel?)

Die Einstellung der Sensoren muss genau ausgeführt werden. Wegen des Gewichts des Balkens und der notwendigen Einstellung an beiden Balkenseiten dauert dies jedoch sehr lange.

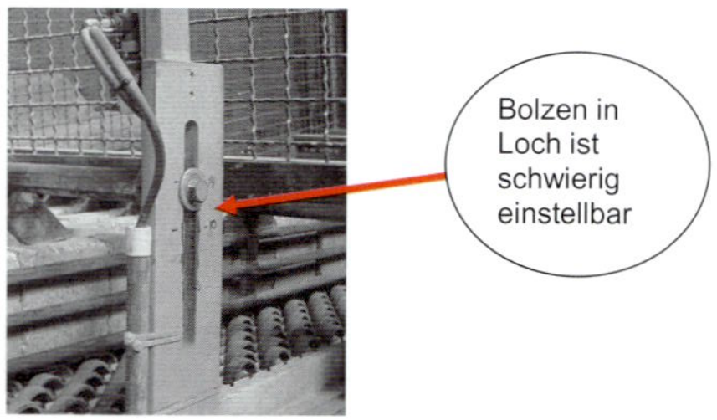

Beschreibung der neuen Situation

Es werden 3 verschiedene Höheneinstellungen benötigt. Mit einer festen Rasterplatte können diese 3 Höheneinstellungen vorher festegelegt werden, um die Einstellzeit zu verkürzen.

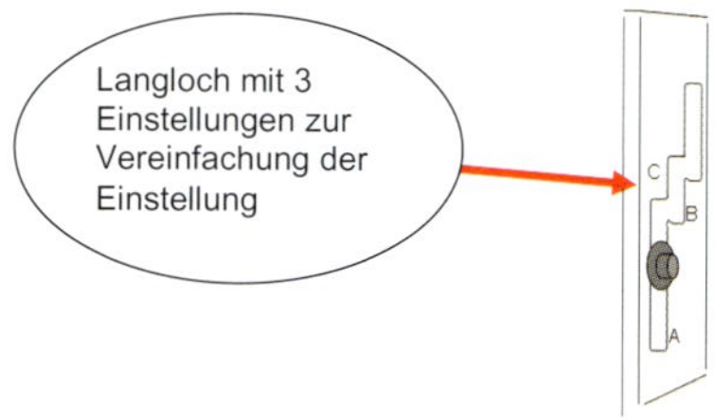

Kosten:	750 Euro	Zustimmung Schicht A:	Zustimmung Auftraggeber:
Erwartete Einsparnis:	7 Minuten pro Umbau = 4.300 Euro pro Jahr	Zustimmung Schicht B:	Realisiert am: 12. März

Literaturverzeichnis

Allen, D.: Getting Things Done: The Art of Stress-Free Productivity, Penguin Books 2002.

Grombach, A.; Teeuwen, D.: SMED – Die Erfolgsmethode für schnelles Rüsten und Umstellen, 1. Auflage, CETPM Publishing 2012.

De Groot, M.; Teeuwen, B.; Tielemans, M.: KVP im Team. Zielgerichtete betriebliche Verbesserungen mit Small Group Activity (SGA), CETPM Publishing 2008.

De Keizer, K., u.a.: The spreading of disorder, Science, Vol. 322, S. 1681-1685, 2008.

Galsworth, G. D.: Visual Workplace, Visual Thinking: Creating Enterprise Excellence Through the Technologies of the Visual Workplace, Visual-Lean Enterprise Press 2001.

Hirano, H.: 5s for Operators: 5 Pillars of the Visual Workplace, Productivity Press 1995.

May, C.; Schimek, P.: Total Productive Management. Grundlagen und Einführung von TPM – oder wie Sie Operational Excellence erreichen, 3. Auflage, CETPM Publishing 2015.

Tajiri, M.; Gotoh, F.: Autonomous Maintenance in Seven Steps. Implementing Tpm on the Shop Floor, Productivity Press 1999.

Stichwortverzeichnis

5S-Anhänger 48, 81
5S-Audit 21, 53, 111
5S-Auditliste 49
5S-Aufkleber 48, 63
5S-Ausschuss 42
5S-Radius 69
5S-Schulung 47
5S-Team 42, 53, 81
5S-Vermittler 43, 65
5xWarum 84
30 Sekunden 14, 21, 69
Allen, David 123
Arbeitsanweisung 104
Arbeitsausfall 14, 18, 21
Auftraggeber 41
Auftragsbrief 45
automatisches Handeln 91
autonome Instandhaltung 82
Bastelei 81
Bruynzeel 117
Bucket-Prinzip 123
Budget 45
Büro 20, 54, 83
Clean Desk Policy 55
Cleanout 22, 47
Defensive Design 97
Deployment 41
Durchlaufzeit 18, 53
Ein-Punkt-Lektion 102
Failsafe 96
Fallstricke 118
Gewährleistung 96
Gewährleistungsmaßnahme 92
Gewährleistungspyramide 95
Hirano, Hiroyuki 16
idealer Arbeitsplatz 18
Kanban 44, 74
Keizer, Kees de 12
Kurzstopps 80
Layout 76, 126
Lean 119
Lean-Vermittler 43, 65
limitierte Rationalität 93
Linking-Pin-Modell 40
Montessori, Maria 20
MTBA 80
Netzdiagramm 49
OEE 120
One is best-Prinzip 121
papierfreies Büro 56
Piggly Wiggly Supermarket 15
Poka Yoke 101
Post-Vollendungsfehler 98
Privateigentum 22
Putzstunde 38
Rahmenbedingungen 44
Red Tag 63
Reinigungsstandards 107
Reparaturanhänger 81
Rumpelkammer 13, 126
Sammelplatz 65
Satisficing 93, 100
Säubern 15, 79
Schattenbrett 71, 73
Schichtbetrieb 108
Schichtwechsel 108
Seiketsu 15
Seiri 15
Seiso 15
Seiton 15
Selbstdisziplin 16
Senkrechtstart 127
Shitsuke 15
SMED 76
SOP 88
Sortieren 15
Spaghetti-Diagramm 77
Standardisieren 16, 87

Standardisierungsdreieck 94
Suchzeiten 19
Supermarkt 13, 70
Systematisieren 15
Toyoda, Sakichi 15
TPM 119
TPM-Vermittler 65
Unfall 53
Urheberschaft 45
Verbesserungsboard 117, 125
Verbesserungsvorschlag 78, 117
Verfahren 104
Verwaltungsprozesse 18, 20, 97
visuelle Hilfsmittel 102
visueller Arbeitsplatz 70
visuelle Steuerungsmittel 98
Wertstromanalyse 119
Widerstand 17
Zeitmanagement 121

Weitere Bücher aus der Reihe „Operational Excellence"

„Total Productive Management. Grundlagen und Einführung von TPM - oder wie Sie Operational Excellence erreichen" von Constantin May und Peter Schimek

Kann man die Produktivität eines Unternehmens um 30% oder gar 50% steigern? Kann es gelingen, die Gesamtanlagen-Effektivität bzw. OEE eines herstellenden Betriebes von 60% auf über 80% nachhaltig zu erhöhen? Ist es möglich Geschäftsprozesse im Sinne des Kunden zeitlich derart zu verkürzen, dass deutlich bessere und schnellere Kundenbetreuung möglich wird? Sind Wertschöpfungs-Steigerungen von 50% und mehr reine Utopie? Kann es gelingen, dass Mitarbeiter sich voll mit den Zielen des Unternehmens identifizieren und mit Stolz und Überzeugung ihr gesamtes Wissen und Können zum Wohle des Unternehmens einsetzen?
Das sind einige der Fragen, auf die dieses praxisorientierte Buch versucht, Antworten zu geben. Ziel ist es, Fach- und Führungskräften sowie Studierenden die Grundlagen des Total Productive Management zu vermitteln und den interessierten Leser mit dem umfangreichen Gedankengut von TPM vertraut zu machen. Nach Abschluss der Lektüre kennt der Leser die grundlegenden und die weiterführenden Bausteine von TPM. Er hat eine Übersicht über die wichtigsten TPM-Werkzeuge und weiß, in welchen Schritten TPM in einem Unternehmen oder einer Organisation eingeführt werden sollte.

3., korrigierte Auflage, Herrieden 2015
ISBN: 9-783940-775-05-4, EUR 29,95
ISBN: 9-783940-775-15-3, engl. Ausgabe, EUR 29,95
Beide Bücher sind auch als E-Books erhältlich.

„OEE für das Produktionsteam. Das vollständige OEE-Benutzerhandbuch – oder wie Sie die verborgene Maschine entdecken“ von Arno Koch

Ihr Maschinenpark ist möglicherweise doppelt so groß, als Sie vermuten. Neben jeder Maschine steht nämlich oft noch eine ‚verborgene' Maschine. Die Kunst besteht darin, diese verborgenen Kapazitäten zu erkennen, sichtbar zu machen und zu nutzen. Dieses Buch liefert Ihnen den Schlüssel um die verborgene Maschine zu entdecken: Overall Equipment Effectiveness (OEE) oder zu Deutsch Gesamtanlageneffektivität (GEFF). Das ursprünglich aus Japan kommende Instrument OEE macht Produktionsverluste sichtbar, so dass diese durch Optimierungsstrategien wie TPM (Total Productive Management), Lean Production oder Six Sigma beseitigt werden können.
Das Buch ist eine grundlegende Studie, bietet sich aber auch als eine Einführung in die Grundthesen von OEE an. Es ist ein unverzichtbarer Ratgeber sowohl für Maschinenbediener, Techniker und Teamleiter als auch für das Management. Das Buch beantwortet viele wichtige Fragen, z.B.: Wie wird OEE berechnet? Welche Zeiten werden in der OEE berücksichtigt und welche nicht? Was kann man mit OEE erreichen? Wie kann man OEE manipulieren? Kann man OEE zum Benchmarking verwenden?

3., korrigierte Auflage, Ansbach 2016
ISBN: 9-783940-775-04-7, EUR 39,95
ISBN: 9-789078-210-08-5, engl. Ausgabe, EUR 39,95

„Effiziente Büros – Effiziente Produktion. In drei Schritten zu exzellenten Abläufen im gesamten Unternehmen. Antworten auf die wichtigsten Fragen zum nachhaltigen Erfolg" von Richard Glahn

Viele betriebliche Verbesserungsprozesse verebben oder werden bewusst wegen Misserfolgs abgebrochen. Was aber macht einen erfolgreichen Optimierungsprozess aus und wie wird er im Unternehmen nachhaltig verankert? Antworten darauf zu geben ist Aufgabe dieses Buches. Es wird dargestellt, wie man mit dem Einsatz von Kaizen-Methoden und ohne zusätzliches Personal in allen Büro- und Produktionsbereichen eines Unternehmens zu effizienten Abläufen gelangt. Angesprochen sind hierbei in erster Linie Führungs- und Fachkräfte, die ein betriebliches Verbesserungssystem wie Kaizen, TPM, Lean oder Six-Sigma verankern wollen.
Ausgehend von konzeptionellen Grundlagen wird ein dreigliedriges Verbesserungsprogramm dargestellt, durch dessen Einsatz schrittweise alle Handlungsebenen im Unternehmen für das Thema Verbesserung erschlossen werden: die Arbeitsplätze, die Arbeitsgruppen und die gesamten Geschäftsprozesse.
Im Hauptteil des Buches werden schließlich 55 Fragen rund um den Aufbau und die Einführung des dargestellten Verbesserungsprogramms besprochen. Mit der Beantwortung dieser Fragen wird auch deutlich, wie die Vorgehensweise in Industrie- und Dienstleistungsunternehmen unterschiedlicher Größe und Komplexität umsetzbar ist.

2., durchgesehene Auflage, Ansbach 2013
ISBN: 9-783940-775-06-1, EUR 29,95
Das Buch ist auch als E-Book erhältlich.

„Moderation und Begleitung kontinuierlicher Verbesserung. Ein Handbuch für KVP-Moderatoren" von Richard Glahn

Was muss ein KVP-Moderator eigentlich können? Er muss KVP-Methoden für das Lösen von Problemen beherrschen. Er muss Workshops vorbereiten, durchführen und nachbereiten können. Oft ist er auch politisch gefordert, sei es bei der Einführung von KVP in einem neuen Unternehmensbereich oder aber wenn es um die Nachweisbarkeit der mit KVP erzielten Erfolge geht. Ganz besonders steht und fällt sein Erfolg jedoch mit der Fähigkeit, sich auf alle Workshopteilnehmer individuell einstellen und so jeden Einzelnen passend in das Finden und Umsetzen von Verbesserungsmaßnahmen mit einbeziehen zu können. Für alle diese Anforderungen werden in diesem Buch Hilfestellungen geboten.
Mit den Ausführungen wird deutlich, dass Unternehmen nicht nur eine Ansammlung von Güter- und Informationsströmen sind, sondern ebenso soziale Systeme, in denen Änderungen unter professioneller Begleitung und mit Fingerspitzengefühl herbeigeführt werden wollen. Das Buch richtet sich an alle diejenigen, die KVP-Workshops in Büro- und Produktionsbereichen moderieren wollen, aber auch an diejenigen, die vor der Aufgabe stehen, KVP in ihrem Unternehmen oder in einer Tochtergesellschaft einzuführen.

2., überarbeitete Auflage, Ansbach 2013
ISBN: 9-783940-775-07-8, EUR 29,95
Das Buch ist auch als E-Book erhältlich.

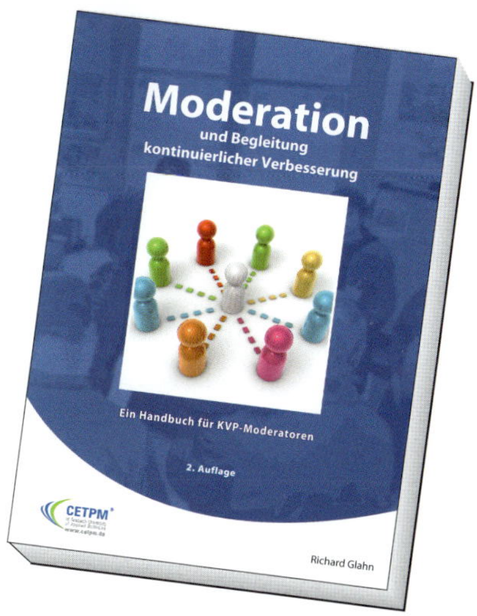

„SMED - Die Erfolgsmethode für schnelles Rüsten und Umstellen" von Bert Teeuwen und Alexander Grombach

Umrüsten oder Umstellen wird häufig als lästiges Übel empfunden. Dabei liegt gerade darin der Schlüssel für eine flexible Produktion. Große Serien sind selten so vorteilhaft, wie es auf den ersten Blick erscheinen mag. Denn sie sind der Auslöser für hohe Lagerbestände und lange Durchlaufzeiten. Mit SMED stellen die Autoren in diesem Buch eine bewährte Methode vor, mit der es gelingt, Umstellzeiten drastisch zu reduzieren. Dabei stehen weder Kosteneinsparungen noch eine höhere Maschinenauslastung im Vordergrund. Optimierungen beim Rüstvorgang werden genutzt, um häufiger zu rüsten, kleinere Losgrößen zu fertigen und dadurch letztlich die Bestände zu senken. Die Autoren sprechen bewusst nicht von „Umrüsten" sondern von „Umstellen". Denn auch in Bereichen außerhalb der Produktion hilft SMED, Umstellzeiten zu verkürzen, beispielsweise bei der Vorbereitung eines Operationssaals für die nächste Operation. Zahlreiche Beispiele aus der Praxis illustrieren die Vorgehensweise. Damit ist dieses Werk sowohl für Praktiker als auch für Studierende von Nutzen.

2., überarbeitete Auflage, Herrieden 2015
ISBN: 9-783940-775-16-0, EUR 29,95
Das Buch ist auch als E-Book erhältlich.

Praxismaterial

5S Starter-Kit

Mit dem 5S Starter-Kit schulen Sie spielerisch das Verständnis für 5S. Kleine Simulationen, leicht erkennbare Vorteile und eine analytische Nachbetrachtung gewährleisten den gedanklichen Brückenschlag auf firmeninterne Prozesse. Für die Universalität von 5S können Sie hier aus zwei Varianten für den jeweiligen Betriebsbereich wählen. Die Simulation ist jeweils inhaltlich entsprechend angepasst, fachlich unterscheiden sich beide Versionen nicht. Das Kit garantiert einen kurzweiligen Workshop mit den gewünschten Erkenntnissen zum Thema 5S.

Ihr Nutzen:

- schnelle Vermittlung der 5S-Prinzipien
- ein großer Teilnehmerkreis kann schnell und nachhaltig geschult werden
- ein Trainerleitfaden zur richtigen Vermittlung der 5S-Methodik liegt bei
- sofortige praktische Anwendung

5S Starter-Kit - für die Produktion

1 Aluminiumkoffer mit folgendem Inhalt:

- 2 Sets Legobausteine (ca. 200 Stück) mit Referenzhaus
- 100 Rote Karten
- 100 Schnellverbinder
- 2 Stoppuhren
- 3 Packungen Post-it Haftnotizen
- 3 Taschenkarten 5S
- 3 Kugelschreiber
- 1 Set Flipchart-Marker
- 2 Arbeitsanweisungen
- 1 Trainerleitfaden
- 1 5S Audit-Checkliste
- 1 5S Audit-Radarchart
- 1 5S Maßnahmenplan
- 1 USB-Stick mit Schulungsunterlagen und Vorlagen

Preis: EUR 399,00 zzgl. MwSt.

Bestellungen online unter www.cetpm.de/5S-Kit

5S Starter-Kit - für die Administration

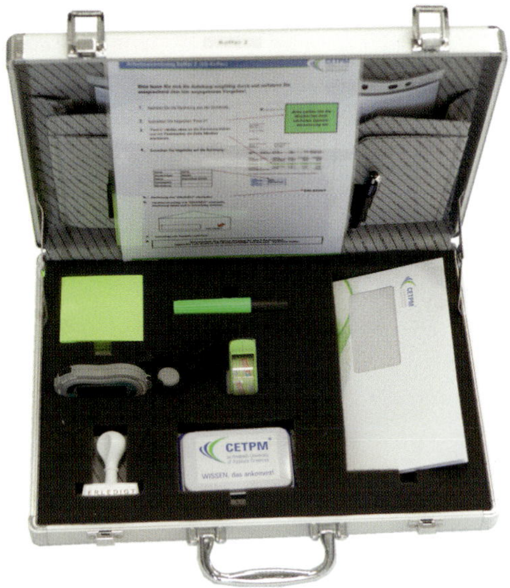

2 Aluminiumkoffer mit folgendem Inhalt:

- 50 Schnellverbinder
- 50 Rote Karten
- 10 Briefumschläge
- 10 Rechnungen
- 4 Packungen Post-it Haftnotizen
- 3 Stempel (2 x „Erledigt“, „Bezahlt“)
- 3 Taschenkarten 5S
- 2 Stempelkissen
- 2 Stoppuhren
- 2 Kugelschreiber
- 2 Tesaroller
- 2 Rollen Tesafilm
- 2 Textmarker
- 2 Arbeitsanweisungen
- 1 Trainerleitfaden
- 1 USB-Stick mit Schulungsunterlagen, 5S Audit-Checkliste, 5S Audit-Radarchart und 5S Maßnahmenplan

Preis: EUR 349,00 zzgl. MwSt.

Bestellungen online unter www.cetpm.de/5S-Kit-Admin

Rote Karten

Rote Karten bzw. Red Tags dienen zur Kennzeichnung von Material, welches im Rahmen einer 5S-Aktion aussortiert bzw. als defekt klassifiziert wurde. Zusätzlich kann auf der Rückseite der Roten Karten ein Maßnahmenplan (Aktion und Verantwortlicher) festgehalten werden.

- 1 Packung enthält 100 Stück
- Doppelseitig bedruckt
- Größe 98 mm x 210 mm

Preis: EUR 19,95 zzgl. MwSt.

Bestellungen online unter www.cetpm.de/RoteKarten

Zum Thema 5S haben wir für Sie eine handliche Taschenkarte, praktisch für den Gebrauch vor Ort:

- 1 Stück / einzeln bestellbar
- Doppelseitig bedruckt
- Matt cellophaniert
- Format DIN A6

Preis: EUR 1,95 zzgl. MwSt.

Weitere Taschenkarten zu ausgewählten Themen finden Sie in unserem Shop.

Bestellungen online unter www.cetpm.de/Shop

oder unter

CETPM GmbH
Institut an der Hochschule Ansbach
Schernberg 34
D-91567 Herrieden

Tel: +49 (0) 9825 20 38 - 104
Fax: +49 (0) 9825 20 38 - 111
E-Mail: info@cetpm.de